¿QUO VADIS, HUXLEY?

EL DARWINISMO COMO RELIGIÓN

EMILIO CERVANTES

¿QUO VADIS, HUXLEY?
EL DARWINISMO COMO RELIGIÓN

EMILIO CERVANTES

ISBN-13: 978-1983794025
ISBN-10: 1983794023

Fecha de publicación: Enero 11, 2018

Biología

Diseño de portada e interior: Mario A. Lopez
Imagen de portada: Jeremías lamentando la destrucción de Jerusalén. Rembrandt (1630)
Rijksmuseum, Amsterdam

Impreso y encuadernado en Estados Unidos de América.

OIACDI

Organización Internacional para el avance científico del Diseño Inteligente

Que luego la ciencia se convierta, como de hecho se ha convertido hoy día, a vueltas de la Historia, en la Religión principal y dominadora de nuestro mundo, al abrigo de cuyo templo las reliquias de las otras religiones sin vergüenza alguna se cobijan, bien, no importa: la lucha contra la Religión sigue teniendo siempre su sentido; y también contra esa otra forma de Religión que es la fe en la Ciencia de la Realidad, aunque Lucrecio no esté ya aquí para decírnoslo, siguen valiendo lo más hondo de sus razones y el embate de sus versos.

Agustín García Calvo

There are two kinds of people in the world, the conscious dogmatists and the unconscious dogmatists. I have always found myself that the unconscious dogmatists were by far the most dogmatic.

G. K. Chesterton

Contenido

Presentación

El darwinismo aspira a ser religión. Esta afirmación, que puede parecer atrevida o exagerada, se va afianzando con el tiempo. Sus propios seguidores propusieron la idea y la han defendido firmemente a lo largo de los años y durante generaciones. Pero además, y como ocurre en tantas ocasiones, afirmando que el darwinismo aspira a ser religión, nos quedamos cortos. La realidad va más allá y es que el darwinismo no sólo aspira a ser religión sino que aspira a ser la única religión. [1, 2]

En la introducción establecemos la diferencia entre religión y ciencia, demostrando que el darwinismo no puede cumplir las condiciones necesarias para ser una religión. Esto viene a completar las conclusiones de trabajos anteriores así como la obra de científicos contemporáneos de Darwin que

---

[1] Por ejemplo en un texto de Michael Ruse (Ruse, 2000) leemos: "…Pero ustedes evolucionistas son también religiosos en su perfil. El cristianismo nos dice de dónde venimos, hacia dónde vamos y qué debemos hacer en el camino. Les desafío a mostrar cualquier diferencia con la evolución. También te dice de dónde vienes, a dónde vas y qué debes hacer en el camino. Ustedes evolucionistas tienen a su Dios, y su nombre es Charles Darwin." Párrafos similares de Ruse se encuentran en sus textos de 2003 y 2017 citados en la bibliografía.

[2] También es interesante, a este respecto, la curiosa relación entre el alma y el genoma que describe en su artículo A. Mauron (2001).

demostraban que el darwinismo no aporta nada a la ciencia. Pues bien, ahora veremos que tampoco aporta nada a la religión.

En el capítulo titulado *Resolviendo dudas sobre la evolución: El darwinismo, religión imposible*, comenzamos por remitir al lector a algunos textos que se dedican a analizar científicamente el darwinismo. A continuación repasamos las pruebas que demuestran que, efectivamente, el darwinismo ya se ha presentado en la historia como religión. Los apéndices primero y segundo contienen algunas de dichas pruebas: Alusiones a la religión en la biografía de Thomas Henry Huxley y una curiosa entrevista con su nieto Julian ampliamente descrita y comentada por el periodista Louis Pauwells.

Una de las estrategias del darwinismo para intentar conseguir el estado de religión ha consistido en apoyarse en personajes consolidados del mundo del catolicismo, cuya labor ha consistido en realizar la vinculación entre ambas creencias desarrollando un sincretismo que se manifiesta en un lenguaje híbrido religioso evolutivo-católico. Representante del sincretismo evolutivo-católico es Teilhard de Chardin, cuyo lenguaje analizamos en el capítulo titulado: *Metafísica de la unión: el léxico de la evolución*. El Apéndice 3 contiene una lista de oxímora propios de la evolución. Algunos proceden directamente de la obra de Teilhard.

Al presentarse como religión, además de imponer un lenguaje adecuado, el darwinismo toma otros recursos propios de las religiones, particularmente del cristianismo. Así vemos cómo se establece una iconografía *ad hoc* tanto para apoyar un conjunto de dogmas centrales como para presentar su jerarquía. Veremos esto en el capítulo titulado *Monumentos e Iconología del darwinismo*. Otros aspectos relevantes del darwinismo como religión se exploran en el capítulo titulado *El Olimpo darwinista: divinidades y dogmas*.

El empeño en hacer pasar por religión algo que no lo es resulta en la eliminación de rasgos que tradicionalmente han sido necesarios para el desarrollo normal de la vida en las sociedades y puede acarrear consecuencias lamentables como se indica en el capítulo titulado *Algunas consecuencias y previsiones*.

Se han escrito varios libros y artículos sobre este tema y algunos de notable erudición. Puede sorprender, por tanto, que no todos ellos, ni mucho menos, aparezcan citados en estas páginas. No nos ha parecido necesario hacer una búsqueda exhaustiva de toda la literatura que apoya al darwinismo como religión. Es una idea que no nos parece correcta y bastará con que veamos algunos de sus proponentes principales para formular nuestra refutación. En cuanto a los textos que han tratado sobre el tema sin hacer una defensa de esta postura, en buena parte de ellos, a pesar de su erudición, se mantiene un doble juego con el darwinismo, caracterizado por una crítica ligera en aspectos superficiales, pero totalmente irrelevante en sus aspectos centrales. Se ignora, evita o elude hacer una crítica que lo anularía totalmente desde un punto de vista científico, terreno en el que debería haber sido debatido antes de alcanzar la extensión social que ha protagonizado. En algunos casos, sus ataques han constituido verdaderas defensas, de modo que han permitido mantener en pie un edificio que, después de que no ha servido para la ciencia, se propone ahora con fines mayores. A menudo se trata de la vieja estrategia de presentar algo que tiene la apariencia de un ataque o crítica pero que carece de eficacia por estar lanzado desde el interior del propio sistema al que ataca. El campo del darwinismo como religión no sido lo suficientemente estudiado por la sencilla razón de que todavía se considera que el darwinismo es una cuestión científica, nada más lejos de la realidad (Cervantes y Pérez Galicia, 2015, 2017). Se nos permitirá que hayamos eludido el análisis detallado de estos textos, en su mayoría ambiguos y contradictorios.

Introducción

Con dos frases, producto de una gran inspiración, el emperador romano Marco Aurelio en sus *Meditaciones* se planteaba una disyuntiva de la que hoy haremos aquí nuestro punto de partida. Decía:

¿Acaso eres infeliz con la parte del todo que te ha correspondido? Entonces recuerda la disyunción: ¿Providencia o átomos?

Disyuntiva a la que él mismo respondía inmediatamente:

Si el Todo es Dios, todo está bien. Pero si está gobernado por el azar, no te dejes tú también gobernar por el azar.

Y es que, desde tiempo inmemorial, se ha considerado a la naturaleza, con su diversidad ordenada, el Cosmos, prueba visible de la existencia de un Creador. Así, dejándonos llevar por la tendencia estoica, antigua y todavía hoy dominante en el entorno rural de amplias regiones, alineándonos con quienes todavía puedan estar libres de la contaminación del progreso y sus peligrosas tendencias, admitiremos a modo de punto de partida y con Marco Aurelio como referente, que el Todo es Dios con Quien el ser humano está vinculado por la religión. Admitido esto hay que reconocer también que la religión siempre ha estado, por otra parte, asociada con la autoridad. Tradicionalmente la autoridad del propio Emperador o del Rey era considerada de origen divino y durante muchos años las monarquías europeas estaban vinculadas indisolublemente a la figura de la máxima autoridad religiosa: el Papa. En su bula *Unam sanctam* (1308), Bonifacio VIII recordaba a Felipe el Hermoso que todo poder era, por esencia, religioso. En un mundo religioso, el Emperador o el Rey podrán cometer errores, pero ellos constituyen la cabeza visible de la comunidad, y como tales son responsables de mantener la fe y recordar a sus súbditos que el orden revela la existencia de Dios. Por eso, lejos de ocultarse, el gobernante en el mundo tradicional, se muestra abierta- y orgullosamente- a sus súbditos, a quienes, en el caso ideal, procurará servir velando por el cumplimiento de unas leyes justas. En todo caso, sus mandatos estarán sometidos a un criterio moral. El modelo del rey o el emperador católico no se ajusta exactamente al del *Príncipe* de Maquiavelo, pues en cada una de sus acciones ha de tener presente un criterio moral: el deber. Sus acciones se deben encaminar al bien de la colectividad. Muchas ordenanzas medievales incluyen este cuidado por la tierra, los animales y las plantas así como los medios de producción que, a efectos legales, con comparados con cosas sagradas (Barros, 1999).

El poder temporal, el gobierno, está tradicionalmente asociado a la religión, basada en la creencia en Dios y el triángulo del poder se cierra mediante un tercer vértice que es el del conocimiento, la Ciencia. Un poder temporal sin la ciencia a su servicio no tiene ninguna perspectiva de futuro, pero tampoco lo tendrá si no tiene de su parte a la religión.

Encontramos aspectos compartidos entre diversas religiones, entre ellos su origen, que tiene lugar en la revelación y que nos demuestra que lo fundamental en ellas es la existencia de una inteligencia superior, de una Providencia, cuya autoridad se expresa en las personas de los líderes religiosos y sacerdotes. Dentro de la estratificación jerarquizada de las sociedades, los sacerdotes pertenecen a una clase superior e incluso se ha dado el caso de que un emperador sea el Sumo Sacerdote, de modo que aun siendo entidades distintas, a lo largo de la historia, la religión y el estado se apoyan mutuamente. La educación, orquestada entre ambos, religión y estado, configura la base del pensamiento y marca los límites del comportamiento de las personas. Entendiendo que el poder se constituye en base a estos tres vértices que son la religión, la ciencia y el gobierno, nos interesará distinguir en la medida de lo posible entre los dos primeros y, a tal fin, remarcar que la religión se basa en la creencia en una serie de dogmas o principios revelados. La ciencia, aunque también se basa en la creencia, tiene a partir de ella un desarrollo diferente y peculiar, como veremos más adelante. En el prólogo de la obra *En torno a Galileo*, de Ortega y Gasset, indicaba Paulino Garagorri:

Al descender por debajo del conocimiento mismo, por tanto, de la ciencia como hecho genérico y descubrir la función vital que la inspira y moviliza, nos encontramos con que no es sino una forma especial de otra función más decisiva y básica-la creencia.

Es decir, que la creencia es función compartida entre religión y ciencia y constituye la base de ambas. Siempre, debajo de todo conocimiento, hay un substrato de creencia y esto no es sorprendente ni en religión, en donde el conocimiento es revelado, ni en ciencia, puesto que muchos manuales al uso sobre las disciplinas científicas comienzan por el establecimiento de una serie de "principios indiscutibles", axiomas o dogmas, que el lector debe admitir, so pena de no poder avanzar ni un punto más en su lectura. Así pues, la diferencia entre religión y ciencia está en el tipo de creencia que hay en su base, y que en el caso de la religión se refiere a una inteligencia superior, a una Providencia que posee el conocimiento y del cual puede hacernos partícipes; mientras que en el caso de la ciencia, la creencia se refiere a los axiomas o principios establecidos en la base de cada disciplina. Aquí hay que tener en cuenta que no sólo determinados axiomas puntuales de cada sector de la ciencia son importantes sino que también, para el desarrollo de toda actividad científica, se precisan otros principios más generales que atañen, más allá de las disciplinas particulares de la ciencia, a la organización general del conocimiento, a la constitución del mundo y a las relaciones de las personas entre sí y con el entorno. Estos principios generales de funcionamiento, tales como las reglas generales de comprensión y de respeto los aporta mejor la religión que la ciencia, puesto que la primera trata de un tema tan amplio como la relación con Dios mientras que la segunda se dedica a otras cuestiones más puntuales y específicas.

Encontramos así una primera serie de semejanzas y diferencias entre la ciencia y la religión que son:

1) Semejanzas: Ambas se basan en creencias impuestas, en base a la revelación y a los textos sagrados (Religión) o a la experiencia y el consenso (Ciencia).

2) Diferencias: La religión parte de la creencia en una inteligencia superior, en una Providencia que posee el conocimiento y que obliga a unos principios generales de comportamiento en relación con el respeto a la naturaleza que es la obra de Dios y el respeto a los semejantes. La ciencia busca el conocimiento de leyes que rigen la naturaleza y a tal fin, la moralidad, la ética no se rechaza,

pero tampoco aparece como código de conducta obligado en relación con la naturaleza. Pero todavía podemos afinar más buscando concretamente aquellos aspectos técnicos que permitan establecer la diferencia entre Ciencia y Religión.

Que existen diferencias entre Ciencia y Religión no significa que ambas sean opuestas, ni contradictorias; ni mucho menos que un científico tenga que tener determinadas creencias religiosas o carecer de ellas. La historia demuestra que instituciones fundamentales de la ciencia contemporánea tienen su origen en la Iglesia Católica pero en años recientes hemos visto la tendencia por parte de algunos científicos a declararse fuera de toda religión. Buena parte de los grandes científicos anteriores al siglo XIX, incluyendo a los constructores del método científico, fueron creyentes. En tiempos modernos, premios Nobel que realizaron descubrimientos fundamentales sobre la materia como Max Planck, Einstein y Erwin Shrödinger, no dejaron de expresar su creencia en una divinidad. El neurocientífico John Eccles afirmaba la existencia del alma. Aunque la ciencia no tiene por qué estar en conflicto con la religión, por nuestra formación, nos interesa más la dinámica de la primera.

Una obra fundamental para entender la dinámica de la ciencia y el pensamiento científico contemporáneo es la titulada *Conjeturas y Refutaciones, el Desarrollo del Pensamiento Científico*, de Karl Popper. Comienza esta obra su introducción titulada *Sobre las fuentes del conocimiento y de la ignorancia* distinguiendo entre dos maneras de hacer filosofía, la francesa o continental y la inglesa. La escuela británica *sostenía que la fuente última de todo conocimiento es la observación*, mientras que la francesa o continental, dice, *se basa más en la intuición intelectual de ideas claras y distintas.* Admitiendo esto, se da uno cuenta de que tanto ambas escuelas independientemente como la suma de ambas, son, en todo caso, incompletas, puesto que, tanto para observar como para reflexionar, se necesita previamente tener una base de creencias, un substrato que provea esa base de asuntos-clave como son la identidad del sujeto pensante, sus capacidades y sus relaciones con el mundo, lo cual no puede proceder de la observación ni tampoco de la intuición intelectual de ideas claras y distintas sino que, como ha ocurrido tradicionalmente, esta base general de creencias la aporta la religión.

Las religiones no proceden tradicionalmente de la observación ni tampoco de la intuición intelectual o de la suma de ambas. Las religiones no tienen su origen en la ciencia, ni en la filosofía, puesto que la fuente y el origen de la religión es la fe, o dicho de otro modo, la revelación, el acto mediante el cual la voluntad humana se siente partícipe de una voluntad divina. No obstante, siguiendo el razonamiento que admite un substrato de creencia por debajo de toda observación, será posible, en teoría, que una religión proceda de la razón, de la filosofía o de la ciencia, puesto que toda ciencia, toda filosofía y todo razonamiento han de partir de una base de creencias. Empero, encontramos dos inconvenientes: En primer lugar parece imposible una religión sin revelación y en este sentido sorprende mucho ver que el título de un libro de Julian Huxley, uno de los principales defensores del darwinismo, es *Religión sin Revelación,* un verdadero oxímoron. Además, en segundo lugar, la religión derivada de una creencia científica será de poco alcance, pues caerá en descrédito en el momento en que caiga dicha creencia.

Hacemos énfasis en este aspecto para dejar la hipótesis de partida tan clara como sea posible. Es la siguiente: Presentaremos evidencia demostrando que el darwinismo se ha propuesto a menudo y firmemente a lo largo de la historia, como religión, pero esto es un objetivo imposible, por dos motivos: 1) El darwinismo va en contra del postulado central de toda religión: que Dios existe y que la naturaleza es su obra. 2) La base de creencia en que el darwinismo se apoya es la selección natural que ya ha sido desacreditada científicamente.

Distintos argumentos de la filosofía o de la teoría de la ciencia, directos o indirectos, vienen a confirmar el importante papel de la religión por un lado como base de la autoridad y por otro como base de la ciencia, de tal modo que una autoridad pretendidamente libre de religión sería una experiencia inaudita, nunca vista en la historia. Coincidiendo con esto, la autoridad desligada de toda religión y apoyada en la ciencia a la que tiende la sociedad actual, presenta otra característica: Tiende a ocultarse. Los monarcas tradicionales, creyentes en que su poder procedía de la divinidad, no tenían ningún problema en mostrarse, incluso exhibirse. Así como el Papa era la cabeza visible de la Iglesia, el monarca era la cabeza visible de todo su gobierno.

Resumiendo ya los contenidos de esta introducción hemos visto que: 1) El poder tiene tres vértices: gobierno, religión y ciencia. Si fuese necesario colocar a uno de ellos como fundamental, en la base de la pirámide, ahí se encuentra la religión. Esto parecen saberlo muy bien, o al menos intuirlo, quienes han propuesto al darwinismo como religión, puesto que no están conformes con que su doctrina se limite a una parcela de la ciencia, cosa que le está vedada por su propia incapacidad, sino que aspiran a tenerla como base educativa y del comportamiento de la prole. 2) Existen recursos técnicos para distinguir la ciencia de la religión y el darwinismo, que no aporta nada a la primera, no tiene tampoco ninguna opción de hacerse pasar por la segunda. El intento constituye un fraude de grandes proporciones. Pero vayamos por partes. En primer lugar veamos quién —y cuándo se - ha propuesto al darwinismo como religión.

1. Necesidad histórica de una nueva moral

Mientras que el Imperio Español, apoyado en la fe católica, convivía con un humanismo defensor de los derechos más elementales, en gran medida gracias a un sector de generosos misioneros de diversas órdenes, por su parte, el colonialismo inglés fue más descarnado y crudo, ocultando menos la intención de hacerse con toda clase de riquezas. Su forma de extracción y administración de las riquezas se encuentra en abierta contraposición a los preceptos morales católicos. Una nueva moral surge apoyada por los intelectuales ingleses, sometida a vaivenes según los criterios del poder y, por lo tanto, siempre relativa: Los preceptos morales no se encuentran únicamente en los libros sagrados, sino que varían con el tiempo y con las circunstancias y, por lo tanto, habrá que descubrirlos para cada ocasión.

Desde que Enrique VIII reemplaza a la fe católica por otra que, a su medida, funda él mismo en la iglesia anglicana, cuestionando la autoridad del Papa, hasta la revolución de Cromwell, Inglaterra refuerza su fe protestante. El desarrollo de la navegación y los éxitos coloniales (*La Compañía de Indias*) fueron acompañados de la estrategia precisa para fijar las reglas del mercado a conveniencia. Para ello se requiere necesariamente un nuevo evangelio.

La fe protestante y su asombrosa ciencia van pisando terrenos intelectuales y haciendo creer que, al fin, se han encontrado leyes generales permitidas por Dios: las causas secundarias como las definía el físico Robert Boyle. Así lo vemos cuando Newton menciona lo siguiente (en Monares, 2016, p 155):

No sólo la filosofía natural se perfeccionará en todas sus partes siguiendo este método (empírico y cuantitativo), sino que también la filosofía moral ensanchará sus fronteras. En la medida en que conozcamos por la filosofía natural cuál es la primera causa (Dios), qué poder tiene sobre nosotros y qué beneficios obtenemos de ella, en esa misma medida se nos aparecerá con luz natural cuál es nuestro deber hacia ella, así como hacía nosotros mismos.

La filosofía, es decir el estudio y el trabajo, nos llevará al conocimiento de Dios. Justamente lo contrario que ocurre tradicionalmente en las religiones, luego por lo tanto ya aquí se está dando esa inversión que es precisa para colocar a la ciencia en el lugar de la religión. Por otra parte: ¿acaso nuestra conducta y el desarrollo de la materia son independientes de Dios?, pero si Dios supervisa, entonces, ¿puede aquello definirse como una segunda causa?

Para Adam Smith, escocés de la escuela calvinista, los humanos decretan las reglas generales de la conducta después de la experiencia. Las riquezas y la economía orientan a las condiciones morales para la mejora de una sociedad, tanto en lo referente a la formación de un estado como de un individuo y, en conclusión, nadie puede obstruir por una ley moral el libre mercado. Surge así el relativismo moral que es muy conveniente a las necesidades individuales de superación de status y también al imperio y que es compartido entre Smith y Darwin junto con otras semejanzas entre ambos autores como ha descrito Schliesser (2009).

2. Darwin, teólogo y artífice del sincretismo

Darwin, que había estudiado para pastor anglicano en Cambridge, no deja dudas en su biografía acerca de su fe al declarar que era imposible no creer que el universo fuera creado por un Dios inteligente, que era imposible que los acontecimientos de la naturaleza ocurrieran por azar o por necesidad. Así escribe a Hooker en 1870 diciendo:

No puedo mirar el universo como el resultado de un azar ciego.

Pero, como siempre, el aspecto principal en Darwin es la contradicción, que permite realizar el sincretismo entre Evolución y Creación abriendo las puertas a que otros autores desarrollen la Religión Evolucionista.

Darwin tiene muchas frases contradictorias relativas a la divinidad pues cuando es necesario la menciona y hasta dice creer en ella pero cuando no le conviene, entonces se olvida. En diversas ocasiones mantiene un materialismo que trata de explicar las "causas secundarias" desde un punto de vista causal, sobre todo en *El Origen del Hombre* (*The Descent of Man*) y en su correspondencia, mas no obstante, regresa y se reconvierte en creyente y en su biografía leemos (Darwin, Autobiografía, p. 92):

Another source of conviction in the existence of God, connected with the reason and not with the feelings, impresses me as having much more weight. This follows from the extreme difficulty or rather impossibility of conceiving this immense and wondrous universe, including man with his capacity of looking backwards and far into futurity, as a result of blind chance or necessity. When thus reflecting I feel compelled to look to a First Cause having an intelligent mind in some degree analogous to that of man; and I deserve to be called a Theist.

Otra fuente de convicción en la existencia de Dios, conectada con la razón y no con los sentimientos, me impresiona por tener mucho más peso. Se desprende de la extrema dificultad o más bien de la imposibilidad de concebir este universo inmenso y maravilloso, que incluye al hombre con su capacidad de mirar hacia atrás y hacia el futuro, como resultado de una ceguera o necesidad. Cuando reflexiono así, me siento obligado a mirar hacia una Primera Causa que tiene una mente inteligente en algún grado análoga a la del hombre; y merezco ser llamado Teísta.

Es decir, lo mismo que solía decir de las especies, que son y no son variedades, según convenga, pues él mismo es igualmente teísta o no, según convenga. Hay abundante bibliografía reciente que muestra este proverbial estado de ambigüedad permanente en Darwin, quien, después de escribir esto, propone su batería evolucionista como alternativa a los preceptos religiosos y morales que han gobernado occidente (Cornell, 1987; Dilley, 2012; Ospovat, 1980; Pazos, 2015). Hay a la vista demasiada vaguedad, contradicción y sinrazón en las reflexiones de quien de forma tan desinhibida expuso no ya sus dudas, que sería aceptable, sino sus contradicciones hasta el final de sus días. Su papel como modelo para la fe cristiana o para cualquier tipo de moral, es negativo puesto que un modelo no puede ser tan absolutamente contradictorio y, no obstante, fue enterrado de forma cristiana a un grado tal que un obispo de Cantorbery, durante el levantamiento de su efigie en el *British Museum*, señaló que lo dicho por Darwin está en perfecto acuerdo con la Biblia (Prenant, 1940, p. 96) y recientemente el Papa Francisco ha bendecido asimismo su teoría de la evolución.

3. Resolviendo dudas sobre la evolución: El darwinismo, religión imposible

El análisis del capítulo cuarto de *El Origen de las Especies* reveló una concatenación de figuras retóricas correspondientes a sendos errores formada a partir del error inicial que consiste en confundir *selección* con *mejora* (Cervantes y Pérez Galicia, 2015). A continuación, un análisis retórico de la obra en su conjunto, siguiendo las pautas expuestas en el libro *Tratado de la Argumentacion: La Nueva Retorica*, de Perelman y Olbrecht Tyteca, muestra que la obra tiene serias deficiencias estructurales en contenido, objetivos y planteamiento (Cervantes y Pérez Galicia, 2017).

El Origen de las Especies no tiene conclusión científica alguna, sino que su finalidad es social. El Método Científico no aparece por ningún lado, el uso del lenguaje es arbitrario y la expresión *selección natural* se halla vacía, carente de significado, como corresponde al fruto del error de confundir *selección* con *mejora* y también por ser oxímoron: es decir, al haber contradicción en sus términos, no puede referirse a nada (Cervantes y Pérez Galicia, 2015). El análisis retórico sirve para dar una idea del contenido científico en una obra y así encontramos que otra expresión al uso, *darwinismo social*, es, *sensu stricto,* pleonasmo, redundancia, ya que todo el darwinismo es social y no hay darwinismo científico.

Pero ya los contemporáneos de Darwin habían detectado la inconsistencia de su obra. En el *Manual Para Detectar la impostura Científica: Examen del libro de Darwin por Flourens* (Cervantes, 2013) presentábamos la primera edición en español de la obra *Examen du Libre de M. Darwin sur l'Origine des Espèces* de Pierre Flourens (1864). En ella Flourens había encontrado los defectos principales de *El Origen de las Especies*: abuso del lenguaje, desconocimiento elemental de la Historia Natural, falta de originalidad (copia de Lamarck) y esa peligrosa tendencia hacía la doctrina social de la Eugenesia que se encuentra en la supervivencia de los más aptos. La conclusión hasta aquí es la siguiente: en el *Origen de las Especies* la Ciencia brilla por su ausencia.

Por su parte el reverendo Charles Hodge, de Princeton, había visto que la aportación de Darwin en el *Origen de las Especies* no era ni la evolución, que procedía de Lamarck, ni la selección natural que es el fruto de un error, sino otra bien diferente ¿Qué es lo que se pretende, entonces, en esta obra? A esta pregunta respondía Hodge (1870) con claridad meridiana (la traducción es nuestra):

No es, sin embargo, ni la evolución ni la selección natural, lo que da al darwinismo su peculiar carácter e importancia. Es el hecho de que Darwin rechaza toda teleología, o la doctrina de las causas finales. Niega diseño en cualquiera de los organismos en el mundo vegetal o animal. Él enseña que el ojo se formó sin ningún propósito de producir un órgano de la visión.

Para añadir un poco más tarde:

Constantemente nos indica la alternativa de tener que decidir entre creer que el ojo es o bien un producto de diseño o el producto de la acción involuntaria de causas físicas ciegas.

Para cualquier mente normalmente constituida, es absolutamente imposible creer que no es un producto de diseño. Para Darwin mismo, es evidente, aún a pesar de su teoría, apenas puede creerlo.

En definitiva, que el libro de Darwin es un alegato contra el diseño en la naturaleza, es decir contra la idea de que, algo, cualquier realidad o cualquier idea, pueda ser denominada con el término "Creación", en torno al cual la escuela darwinista establece el procedimiento sumarísimo que la Nueva Retórica ha denominado *Endurecimiento de las nociones* y que suele llevarse a cabo con el fin de aislar al enemigo (Cervantes y Pérez-Galicia, 2017). Esto revela en el *Origen de las Especies* su naturaleza de un manifiesto anti-religioso y de ninguna manera abre la puerta al darwinismo como religión, sino al contrario, lo expone claramente como lo que es: contrario a toda religión y baluarte del ateísmo. Entonces: ¿De dónde procede esa idea de que el darwinismo se proponga como religión? Del propio darwinismo, es decir de algunos de sus autores más emblemáticos.

Vamos a ver con cierto detalle dos fuentes. Primero las numerosas citas de corte religioso que hemos encontrado al leer la biografía de Thomas Huxley, escrita por Adrian Desmond. Se nos podrá decir que Desmond es irónico y lo admitimos, pero detrás de toda ironía existe una realidad, que aquí se hace manifiesta: la propuesta del darwinismo como religión. Comentaremos brevemente a continuación algunas de estas citas y un recuento más completo, pero no exhaustivo, se ofrece en el Apéndice 1. Por si hubiese dudas, veremos después una entrevista con Julian Huxley, nieto de Thomas Henry, que el periodista Louis Pauwels presentó en el capítulo primero de su libro escrito en colaboración con Jaques Bergier y titulado *La Rebelión de los Brujos*. En el Apéndice 2 presentamos este capítulo completo al que hemos añadido algunas anotaciones a pie de página. Hay otros artículos y libros que expresan claramente esa intención de hacer pasar al darwinismo por religión. Entre ellos mencionamos el artículo de Marjorie Grene titulado *The faith of Darwinism* (1959), el libro de la misma autora titulado *The knower and the known* (1974) y la recopilación de escritos de un Congreso Internacional titulada: *Teilhard de Chardin. In quest of the perfection of man. An International Symposium* (Browning *et al.*, 1974).

Es bien conocido que Darwin no tenía por costumbre defender su obra cuando arreciaba la crítica (Cervantes, 2013). En momentos tan importantes para un científico, cuando sus colegas cuestionan aspectos comprometidos de la obra, él permanecía en su casa de Down, a la que se había mudado la familia escapando de las revueltas chartistas en Londres, dejando encargado de la tarea a Thomas Henry Huxley quien se ve que lo hacía gustosamente puesto que se auto-denominaba el bulldog de Darwin y a quien su biógrafo, Adrian Desmond, ha llamado con acierto el *San Pablo* del Darwinismo.

Efectivamente en la obra de Adrian Desmond, biógrafo de Huxley y muy poco sospechoso de anti-darwinista o anti-huxleyano, encontramos múltiples referencias al evangelio, a la biblia, al cielo, al infierno o al demonio, substantivo adjetivado que se vincula tanto a Huxley como a Darwin. Empezando por el propio título del libro que es ni más ni menos que el siguiente: *Huxley: From Devil's Disciple to Evolution High Priest* (Huxley: de Discípulo del Diablo a Gran Sacerdote de la Evolución) que anotaremos con el número 1) de la serie en nuestro recuento de alusiones a la religión en esta obra. Las siguientes se ofrecen en el Apéndice 1. No hemos pretendido ser exhaustivos en la recopilación y tampoco vamos a detenernos en otros aspectos dignos de mención que se pondrán de relieve a quien lea esta biografía, pero sí mencionaremos ese capítulo de la historia tan importante que Desmond relata y que ocurre cuando Huxley, Darwin y compañía (sus secuaces, *henchmen*, como los llamaba Agassiz) construyeron a su enemigo en dos pasos que son: 1) Dándole nombre mediante los términos "creacionismo" y "creacionista" que ellos acuñaron y 2) Elaborando la figura de un enemigo-modelo o víctima propiciatoria en el científico Richard Owen, elegido precisamente por su empeño en utilizar la palabra "Creación" admitiendo que no sabía muy bien a qué se refería (Cervantes y Pérez-Galicia, 2017). Pues bien, los enemigos de nuestros enemigos son ahora nuestros amigos y con toda simpatía para Richard Owen nos complace utilizar el término "Creación" en la misma medida en que nos disgusta el de "creacionismo".

Pero no será la lista contenida en el Apéndice 1 la única prueba de que el darwinismo aspira a ser religión. Louis Pauwels y Jacques Bergier publicaron en 1960 el libro titulado *Le Matin des Magiciens*, que alcanzó gran popularidad, tanto en su edición francesa como en la edición en español, publicada dos años después con el título *El Retorno de los Brujos*. Sus páginas contienen temas variados, por lo general en el ámbito de lo para-científico: civilizaciones antiguas, sociedades secretas, alquimia y parapsicología. Entre todo ello encontramos, acá y allá, algunos textos dispersos dedicados a Biología y Evolución. Así por ejemplo, en el capítulo X apropiadamente titulado *Desvarío sobre los mutantes*, vemos un resumen muy ortodoxo de la versión tradicional y todavía al uso sobre la función de las mutaciones en la evolución (ver más adelante la nota al pie número 13). A lo largo del libro aparecen diversas alusiones y referencias a biólogos, así por ejemplo expresiones de simpatía hacia JBS Haldane, miembro de las Brigadas Internacionales en la Guerra Civil Española, y otras alusiones, entre ellas algunas más contradictorias dedicadas a Darwin, así como menciones de Teilhard de Chardin, Aldous Huxley y de su abuelo, Thomas Henry. El libro no trata sobre evolución ni presenta ideas claras al respecto, salvo cuando en el capítulo titulado *Civilizaciones desaparecidas*, se pregunta: *Libertad de dudar de la evolución (¿y si la obra de Darwin no fuese más que una novela?)*, dejando abierta la posibilidad de explorar un tema al que los autores no tardarían en volver.

Poco tiempo después los mismos autores publicaban el libro titulado *L'Homme éternel*, en español *La Rebelión de los Brujos* (1971) que, esta vez sí, comenzaba con un capítulo dedicado plenamente a la Evolución y titulado *Dudas sobre la Evolución*.[3] El capítulo lo había compuesto al parecer Louis Pauwels a raíz de una entrevista en Londres con Julian Huxley quien le

---

[3] Ofrecemos aquí la versión completa del capítulo según se encuentra en la edición española de Plaza & Janes, 1971. En esta versión se indica que el título original en francés es *La Révolte des Magiciens*, no obstante algunas fuentes consultadas dan el título *L'Homme éternel*, Paris, Gallimard, como continuación de *Le Matin des magiciens*.

habría propuesto en serio la idea de la Evolución como religión.[4]

El Apéndice 2 contiene el capítulo *Dudas sobre la Evolución* que abre el libro *La Rebelión de los Brujos*, de Louis Pauwells y Jacques Bergier. El capítulo presenta algunas irregularidades formales. En primer lugar hay citas entrecomilladas cuyo origen no queda claro. Algunas de ellas parecen proceder de un texto de Emmanuel Berl que en ningún momento, ni al final del capítulo ni al final del libro, aparece debidamente citado. En algunos casos no queda claro si el texto es original de los autores o está copiado de Berl (ver nota 25 en el apéndice 2). Por otra parte, Louis Pauwells habla a veces en primera persona como si se tratase de un autor único cuando el libro está firmado por él y por Bergier (ver nota 27). A pesar de estas irregularidades, el texto ha llamado nuestra atención porque, además de presentar esa propuesta de Julian Huxley de la evolución como religión, contiene datos y ejemplos que presentan a la evolución como lo que es: un entramado social complejo muy alejado de la objetividad que debe caracterizar a la ciencia. Nuestra conclusión es que no hay teoría alguna de la evolución y que el concepto de *evolución* no pertenece a la ciencia. Como indicaba Julian Huxley la evolución aspira a ser religión. Al parecer, la disyuntiva clásica que indicaba que si una propuesta no es

---

[4] Terminada la II Guerra Mundial se crea la UNESCO cuya finalidad es ayudar a los pueblos en desgracia a salir del subdesarrollo, la idea principal es educar a la infancia. Julian Huxley, como primer presidente de dicha institución, propuso en los programas oficiales que se propagara el darwinismo excluyendo cualquier tipo de religión o ideología totalitaria. Este objetivo unilateral no duró mucho y tuvo que ser cambiado aunque, en esencia, persiste hoy en el pensamiento científico y educativo laico.

científica hay que rechazarla, se ha ampliado ahora y resulta que si una propuesta no es científica entonces existe otra opción antes que rechazarla: convertirla en religión.

No puede sorprendernos que los autores darwinistas desde el mismo Darwin recurran a todo el arsenal de la retórica: metonimia, oxímoron, pleonasmo, prosopopeya, interrogaciones retóricas, aposiopesis, aliteraciones, detallamiento, etc. (Cervantes y Pérez Galicia, 2015). Así, por ejemplo, en el prólogo que Miguel Crusafont hace para la obra *El Fenómeno humano* de Teilhard de Chardin encontramos el siguiente párrafo referido a este autor:

Por la excentración de valores, es un nuevo Galileo que deshace las apariencias, para lanzarse a las vías de una percepción mucho más amplia que lo engañoso de las puras representaciones visibles a los ojos. Superó, pero completó también, los dos abismos pascalianos para descubrir que la Evolución es un semillero de cumbres y de valles, que nos rodean por todas partes, abismos al parecer insondables que el hombre rellenará algún día con los sedimentos de la caridad y de la bondad, del conocimiento, del gusto por la investigación, y, sobre todo, con los del Amor.

Y no copiaremos más porque la intención principal es fijarnos en la comparación que hace aquí Crusafont de Teilhard con Galileo, dos personas cuyas trayectorias son bien opuestas, ya que mientras que en el caso Galileo tenemos la reacción de un poder amenazado que decidió ejercer como tal en un caso histórico de endurecimiento de las nociones (Romo, 2015; Perelman y Olbretch-Tyteca, 1989), en el caso de Teilhard, el poder estaba de su parte para provocar el efecto contrario, un ensanchamiento o ablandamiento de la noción de religión.

4. *Metafísica de la unión*: el léxico de la evolución

Cerraba el capítulo precedente un elogio que Miguel Crusafont (1910-1983) dedicaba al jesuita francés Pierre Teilhard de Chardin (1881-1955), cuya obra consiste en algo más de una docena de títulos que nos hemos permitido agrupar aquí, para su presentación, en cuatro secciones. La primera contiene títulos en apariencia modestos (*Cartas de un viajero*, 1956; *La visión del pasado*, 1957; *Cómo yo creo*, 1969, *Escritos del tiempo de la guerra*, 1975), en la segunda encontramos títulos ambiguos (*La activación de la energía*, 1963; *Las direcciones del futuro*, 1973; *El corazón de la materia*, 1976). La tercera sección contiene títulos ya ambiciosos (*El fenómeno humano*, 1955; *La aparición del hombre*, 1956; *El grupo zoológico humano*, 1956; *El futuro del hombre*, 1959; *El lugar del hombre en la naturaleza*, 1965) mientras que, para terminar, los títulos de la cuarta sección son francamente arrogantes (*El medio divino*, 1957; *La energía humana*, 1962; *Ciencia y Cristo*, 1965).

La prosa del Padre Teilhard es florida, melodramática y rica en metáforas, neologismos y construcciones arriesgadas que, a menudo, combinan con audacia conceptos de la ciencia con otros de la religión. Recuerda a la épica, a veces vibrante y siempre recargada, barroca, de *El Origen de las Especies*. Claude Cuénot, su biógrafo y un analista moderado y positivo de su obra, tiene un libro dedicado íntegramente al estudio del léxico de Teilhard (Cuénot, 1970), quien, sin duda participa de la corriente metafísica del filósofo Henri Bergson (1859-1941) en ese intento por reconciliar las ideas de creación y evolución mediante un lenguaje rico en imágenes y metáforas, que es continuación de la senda trazada por Bergson. Entre las obras de Bergson encontramos *L'Évolution créatrice* (1907), *L'Énergie spirituelle* (1919) y *Durée et Simultanéité* (1922). Algunos de los términos acuñados por Bergson (*la durée, l'elan vital*) son utilizados por Teilhard, y sería interesante realizar un análisis detallado sobre cuántos de los términos del léxico descrito por Cuénot como pertenecientes a este autor tendrían su origen en obras de Bergson.

A pesar de haber sido condenada y prohibida por La Congregación del Santo Oficio, y también criticada por su alto contenido en ambigüedades, la obra de Teilhard tuvo una gran proyección y fue traducida a varios idiomas. Presentada en sucesivas ediciones, la obra se publicaba bajo el patronato de un Comité Científico y un Comité General a los que pertenecían representantes de la realeza y de la nobleza así como reconocidos profesores, geólogos y paleontólogos principalmente de Francia e Inglaterra. En España, fue publicada por la editorial Taurus y algunos libros como *El fenómeno humano* y *La visión del pasado* tenían una introducción del paleontólogo Miguel Crusafont, miembro español del Comité Científico antes mencionado y director de la Tesis Doctoral de Emiliano Aguirre, jesuita como Teilhard y descubridor de Atapuerca, un yacimiento paleontológico convertido hoy en fenómeno mediático. La impresión resultante al ver la composición de los Comités Científico y General, que aparece en las primeras páginas de las ediciones en español de la obra de Teilhard, es que constituyen un apoyo para contrastar las críticas, un lobby, un grupo vinculado con las estructuras de poder. Es de destacar que en este grupo se encontraba el propio Julian Huxley, quien en su entrevista con Pauwels confiesa su intención de convertir la evolución en religión, lo que hace pensar que la obra de Teilhard iba, asimismo, dirigida a tal fin. En España, al igual que en Francia, la obra de Teilhard tuvo particularmente buena acogida entre una aristocracia esnob, de aspiraciones intelectuales y siempre ávida de novedades como podemos ver, por ejemplo, en la biografía de María Campo Alange, hija de los Condes de Lugar Nuevo, ilustrada, entre otras, con fotografías de Darwin, Marx y dos de un joven Teilhard (Campo Alange, 1983).

Algunas de las expresiones de Teilhard incluidas en el léxico recopilado por Cuénot son francamente contradictorias, constituyen oxímora y como tales las hemos incluido en el Diccionario de oxímora en relación con la evolución que presentamos en el Apéndice 3, titulado *Luz que todo lo ilumina: los oxímora de la evolución*. Cronológicamente estas expresiones imposibles, fruto de errores, vienen a sumarse a las expresadas por Darwin en el *Origen de las Especies* (*selección natural, selección sexual, selección inconsciente...*) y preceden a las del también ex-jesuita Ayala (*diseño sin diseñador*), las de Dawkins (*gen egoísta*) y otros celebrados darwinistas, algunas de las cuales también pueden verse en este apéndice. El empleo de oxímora genera una situación de indefensión en el oyente que lo hace víctima de quien ostenta la autoridad de manera semejante a la descrita por Orwell en su novela *1984*. Así la concentración de oxímora es propia del lenguaje autoritario, pero también del lenguaje ingeniosamente vago que es propio de algunas técnicas de la hipnosis.

El idioma darwiniano o darvinés era conocido ya hace tiempo. En uno de sus escritos, fechado por los años cuarenta del siglo pasado, Eugenio d'Ors descubría los trucos y la las complejidades del darvinés, caracterizado por su *general relativismo* y que se había instalado ampliamente en diversos dominios. Su uso va mucho más allá de los límites de la Biología, y resulta que ya era el lenguaje impuesto en la Historia hace setenta años. Decía en su artículo don Eugenio:

Donde las ideas aparecen, el resultado suele ser todavía peor. Porque el historicismo, durante los años que nos preceden, tan se ha puesto a la escuela del prejuicio evolucionista, que la sombra de Darwin parece presidir la íntima devoción de cada una de estas compilaciones que, a escuela darwiniana se colocan, cuando no ocurre que, no poco a estilo de monsieur Jourdain, hablen en darviniano sin saberlo.

Esto se las conoce en su general relativismo, y más aparentemente aún y para empezar, en la gran preponderancia que se les ve conceder, desde las primeras páginas, no ya a lo prehistórico, sino a lo paleontológico, y hasta lo geológico, cuando no se llega a lo astronómico, con tendencia evidente a rebajar el color propiamente humano en la evocación del pasado del mundo. Así como en la hora de Copérnico y de Galileo la tierra pasó a ser , astronómicamente, un simple caso particular, en un sistema cosmológico más vasto, de concepción más "neutral" desde el punto de vista de los intereses humanistas o del orgullo humano, así, en otra paralela, el evolucionismo moderno tiende a sumir la civilización en la vida y ésta en la materia, con lo cual la historia humana, capitulillo insignificante por lo que dice a su duración en tiempo, viene a achicarse en importancia, ante las grandes cifras que representan cronológicamente el proceso de los mundos. No hay que insistir en lo que representan, como radicalismo evolucionista, las tres versiones de diversa envergadura dadas en su Esquema de la Historia por Herbert Wells. Pero tampoco hay por qué ocultar que principios análogos presiden sin duda a la Historia del Mundo, de José Pijoan, que el editor Salvat viene publicando en Barcelona.

No poco de lo bueno que contiene este notable esfuerzo queda inútil por culpa de ese desdichado espíritu que ha movido a abrir, por ejemplo, las ilustraciones del primer volumen, con grabados y láminas de plesiosauros, volcanes, bólidos y otras nebulosas.

Y con esta alusión a las ilustraciones propias del darwinismo tocamos ya el tema que ocupará el capítulo siguiente.

5. Monumentos e Iconología del darwinismo

Como acabamos de ver en el capítulo anterior, el lenguaje del darwinismo comparte aspectos en común con el lenguaje religioso y tiene una amplia zona de solapamiento, en particular, con representantes de la religión católica. Pues bien, algo semejante ocurre en otros aspectos tal y como son sus representantes personales, lugares de culto, monumentos e iconología.

En relación con sus representantes en la Tierra, algunos de los personajes históricos que anuncian y defienden la nueva religión adquieren la categoría visual de profetas adoptando un aspecto semejante al de los antiguos profetas bíblicos. Los retratos de Darwin y de Haeckel los presentan con grandes barbas en actitudes semejantes a las de sus contemporáneos Marx y Engels, profetas de una de las tendencias principales del darwinismo que es el marxismo. Andando atrás, allá lejos en el tiempo, todos ellos recuerdan vivamente a Isaías o Jeremías en sus representaciones clásicas y barrocas. Así ocurre con el cuadro de Rembrandt titulado *Jeremías lamentando la destrucción de Jerusalén* que hemos utilizado como portada, considerando el parecido de su protagonista, representado en actitud postrada, con Charles Darwin en su etapa avanzada, quien bien podría caer en actitud semejante, en el caso de haber conocido el destino y la relevancia posterior de sus escritos impulsados por la enérgica mano de los Huxley, abuelo y nieto. De haberlo conocido seguramente habría soltado con voz poderosa la expresión que da título a este volumen:

- *¿Quo vadis*, Huxley?

En cuanto a los lugares de culto, el darwinismo, como corresponde al materialismo ateo, tiende a invertir la tendencia de las religiones ensalzando el culto a lo temporal y así, por ejemplo, gimnasios y restaurantes de lujo constituyen sus lugares de culto por antonomasia. Llaman la atención los hombros y muslos tatuados con la efigie de Charles Darwin (Figura 1) mientras los "restauradores" aportan cada día soluciones más creativas para adular a los "egos" de sus clientes. Por otra parte, en lugar de catedrales e iglesias, el ministerio se presenta y ofrece al público en los museos. Algunos de ellos son referentes mundiales como la *Smithsonian Institution* de Washington, el Museo de Historia Natural, en Kensington (Londres) o el Museo Estatal Darwin de Moscú. Otros, no tan relevantes, han comenzado su trayectoria de manera pujante y se encuentran en ubicaciones extraordinarias, como por ejemplo el Museo de la Evolución Humana de Burgos, al otro lado del río Arlanzón y en posición simétrica respecto al eje del río con la Catedral gótica en dicha ciudad.

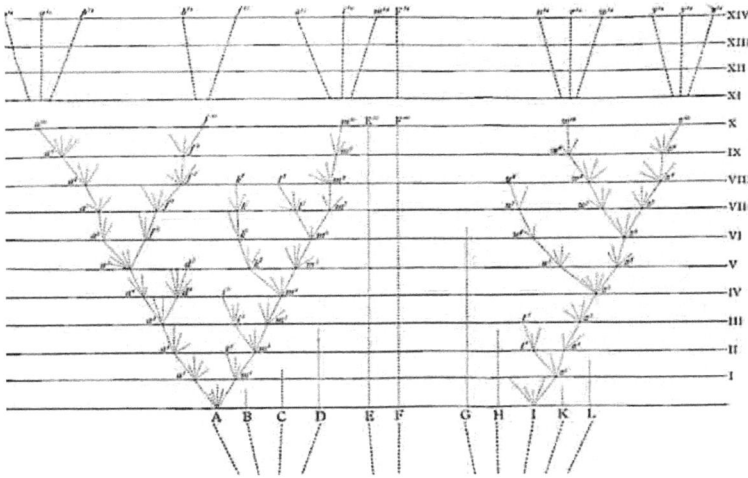

Figuras 1, 2 y 3: Hombro tatuado con el retrato de Charles Darwin, esquema del pez a modo del *ichtios* católico con el nombre de Darwin en su interior y árbol genealógico, recurso fundamental de la épica, figura clave y única de *El Origen de las Especies*.

Toda religión es una llamada al subconsciente y no hay mejor manera de captar la atención de éste que mediante las imágenes. Por lo tanto para instituirse como religión el darwinismo necesita un conjunto de iconos, de símbolos elegidos para representar su ideología.

Desde siempre las religiones han sabido utilizar los símbolos en su favor y en lo que atañe a la religión cristiana ya decía François-René de Chateaubriand (1768-1848) en su obra *Grandeza del Cristianismo*, que:

Cuanto más se sondea el cristianismo, más y más se advierte que no es otra cosa que la ilustración de la razón natural, y el resultado necesario de la vejez de la sociedad.

Efectivamente entre otras cosas el cristianismo se caracteriza por un manejo ejemplar de los símbolos y en esto, como en otras cosas, el darwinismo es un mero imitador. A veces de la manera más burda como al apoderarse del símbolo cristiano del pez, *ichtios*, ese dibujo tan sencillo que representaban los cristianos primitivos en las catacumbas y que ahora se ve adherido a las carrocerías de los vehículos portando en su interior el nombre de Darwin, el usurpador (Figura 2). Hay otros símbolos que han constituido elementos clave tradicionalmente en la mitología y en la historia de las religiones. El árbol, símbolo de contenido muy rico que adopta diversas formas en las religiones, en el cristianismo toma la forma de la cruz y en el darwinismo la de árbol genealógico, figura clave de éste y única de *El Origen de las Especies* (Figura 3).

Otras imágenes del darwinismo se asocian con ideas confusas o directamente con fraudes lo que apoya nuestra hipótesis de que si algo no vale en la ciencia entonces es posible reconvertirlo, vía presión social, *mass media* y publicidad abundante para intentar hacer de ello un icono o elevarlo, si no hay oposición, a la categoría de religión. En esta categoría encontramos los casos de la secuencia progresiva del mono al hombre, la jirafa atribuida a Lamarck, los pinzones sobre los que Darwin nunca trabajó, la *Biston betularia* y los embriones de Haeckel, retocados convenientemente para exagerar el parecido entre las fases iniciales del desarrollo de distintos grupos de vertebrados (Figuras 4 a 8).

Figuras 4 a 8: secuencia progresiva del mono al hombre, esquema de la evolución de la jirafa atribuido a Lamarck, la *Biston betularia*, la polilla que cambiaba de color con la contaminación, los pinzones sobre los que Darwin nunca trabajó, y los embriones de Haeckel, convenientemente retocados para exagerar el parecido entre las fases iniciales del desarrollo de distintos grupos de vertebrados.

6. El Olimpo darwinista: divinidades y dogmas

Por ser todavía aspirante a religión, y no estar todavía consolidado como tal, el darwinismo no presenta un elenco de divinidades perfectamente diferenciadas de sus dogmas. En este respecto no ayuda mucho la pobre iconografía, puesto que nunca se decidieron sus adalides a representar gráficamente a sus divinidades mayores. Nadie ha trazado tampoco sus genealogías al modo como hizo Ovidio en *Las Metamorfosis* para los mitos clásicos. Interesa también recordar que el darwinismo constituye una religión de urgencia, toda vez que sus fundadores se percataron de dos cosas: 1) Que, como ciencia, no tenía fundamento ni porvenir y, por lo tanto, debía presentarse como religión; pero también que: 2) Como religión siempre carecerá de una tradición verdaderamente mítica, puesto que sus principales divinidades son sólo conceptos confusos que un día aspiraron a ser Ciencia.

Parte del éxito de las religiones convencionales se debe a un rico repertorio de historias propias acerca de cómo es el hombre, tanto en la práctica cotidiana como en sus aspiraciones. Tanto en el poder, como en la desgracia y en la adversidad, las religiones aportan modelos para el comportamiento humano en sus textos, iconos y tradiciones. El darwinismo, por su parte, no ha tenido el tiempo suficiente para reemplazar estos modelos e intenta hacerlo a través de devaneos mentales basados en una serie de lugares comunes (lucha por la existencia, competición, supervivencia del más apto...), errores (confusión de selección con mejora, tomar la granja como modelo para la naturaleza…) y juegos de palabras buscando siempre el apoyo final del ácido desoxirribonucleico, indiscutible verdad, a la que otorga un valor mítico incomparable (Mauron, 2001). El proceso es pues, contrario, en el sentido de que mientras las religiones aspiran a colocar al ser humano en sintonía con una inteligencia superior, el darwinismo, después de marear con juegos de palabras, tan sólo puede presentar como ideal el mito del organismo mejor adaptado terminando todas sus aspiraciones en la contundencia de una molécula, a la que se han llegado a otorgar los mayores atributos (Mauron et al., 2001).

Se trata por lo tanto de una religión inversa, la primera religión conocida que se habría podido originar, no mediante ese proceso extraordinario que es la revelación, sino por el empeño frustrado en medio de la tarea rutinaria de producir explicaciones científicas. Resulta por eso muy intrigante el título del libro de Julian Huxley, uno de los proponentes principales del darwinismo como religión: *Religión sin revelación*, un verdadero oxímoron (ver Apéndice 3).

Las principales divinidades del Olimpo darwinista son tres. Dos de ellas se encuentran en la base: La Selección Natural y el Azar Creador. El segundo produce las variaciones que son precisamente las que necesita la primera para que, derivando de la acción conjunta de ambos, se dé el dios definitivo, el tercero, de sexualidad doble y bifronte: el dios Progreso, varón que, en su lado femenino tiene su sinónimo en la diosa Evolución. Éstos son, el Progreso y la Evolución, las divinidades supremas del Olimpo darwinista. A sus pies y trabajando sin cesar para ellos, la Selección Natural y el Azar

Creador. Alrededor de la primera encontramos una corte de divinidades de segundo orden: La Selección Inconsciente, la Selección Negativa y la Selección Sexual entre ellas. Entre los dioses menores encontramos el Gen Egoista, el Diseño sin diseñador, el DNA chatarra y su hermano, igualmente joven y travieso, el DNA parásito.

Al carecer de una iconografía suficiente que permita distinguir bien entre los dioses y los dogmas, cabe la posibilidad de que pueda haber algún intercambio entre ambas categorías, pero en principio las indicadas arriba, aunque algunas de ellas procedan directamente de dogmas, serían ya divinidades, mientras que, a partir de ahora, intentaremos una recopilación de otros dogmas que han tenido destinos diferentes.

El llamado hace décadas *Dogma Central de la Biología Molecular* consistente en que el flujo de la información podía ir sólo en la dirección de DNA□ RNA□ Proteínas ya cayó hace tiempo al descubrirse los retrotransposones, que contienen la información para el enzima transcriptasa reversa, que convierte el RNA en DNA. Asimismo va cayendo de manera contundente el *Dogma de la barrera somático-germinal*, inventado por Arthur Weismann, que indicaba que el desarrollo de la línea germinal corría independientemente del de la línea somática, lo que venía a impedir la herencia de caracteres adquiridos, con lo cual Lamarck quedaba marginado y Darwin podía salir adelante con la excusa de que era aquel quien cargaba con la culpa. No se podía cargar a Lamarck como a Richard Owen con la acusación de creacionista y hubo que buscar esta otra penalización. Además, el *Dogma de la barrera somático-germinal* fue de gran utilidad a lo largo del siglo XX para separar claramente entre la genética clásica occidental, basada en las leyes de Mendel y el concepto de *Gen* (Neo-darwinismo) y la practica agrícola de la URSS basada en la herencia de caracteres adquiridos (Michurinismo implementado por Lysenko; Darwinismo creativo; Cervantes y Bravo, 2017; Matalová y Sekerák, 2004).

Caídos estos dos dogmas tan importantes en la historia, otros siguen en pie como el de las mutaciones al azar, que define uno de los atributos principales del dios Azar Creador: la capacidad de generar aquellas mutaciones que van a proporcionar al organismo precisamente los cambios necesarios y no otros, algo absolutamente inaudito en toda la historia de la observación de la naturaleza e incluso de la experimentación y sostenido por los experimentos que valieron el Premio Nobel a Luria y Delbrück pero que nada dicen acerca de la realidad del cambio en la naturaleza, sino que el sistema particular elegido para sus experimentos se comportó en aquella ocasión de manera que permitió la interpretación que convenía. Es decir, de nuevo poniendo el carro delante de los bueyes, y según hacía el propio Darwin, escogiendo bien los hechos para permitir mantener las conclusiones finales antes que la observación más elemental (Cervantes y Pérez Galicia, 2017).

7.Algunas consecuencias y previsiones

La imposición del darwinismo como religión ha tenido ya algunas consecuencias. En dos trabajos recientes veíamos cómo el darwinismo era una imposición del Partido tanto en la URSS (*Ciencia y Política: La Genética como Herramienta*; Cervantes y Bravo, 2017) como en el México post-revolucionario (*La persuasión en la construcción de la ciencia contemporánea en México. Los casos de Martín de Sessé Lacasa e Isaac Ochoterena Mendieta*; Bravo y Cervantes, 2016).

También en el mundo capitalista los departamentos universitarios de Biología y Evolución, las publicaciones y los programas de divulgación científica en estos campos sirven como foco de difusión de los dogmas del materialismo darwinista. A ello contribuye la gran sintonía que se da entre progreso y dinero. Donde hay dinero, hay progreso, se nos dice, de manera que dinero y progreso se confunden entre sí y hacen que, curiosamente, en la cúspide del olimpo darwinista surja una nueva tríada: Dinero, Progreso y Evolución. No en vano Orwell parodiando a San Pablo se expresaba así:

Aunque yo hablase las lenguas de los hombres y de los ángeles, si no tuviese dinero, sería como campana que suena o címbalo que retiñe. Y aunque tuviera el don de la profecía y conociera todos los misterios y toda la ciencia, y aunque tuviera toda la fe, de manera tal que pudiera mover montañas, yo nada sería si no tuviera dinero. Y aunque distribuyera todos mis bienes para alimentar a los pobres, y aunque entregase mi cuerpo para ser quemado, si no tuviera dinero, nada de eso me serviría. El dinero es paciente, servicial; el dinero no es envidioso; el dinero no hace alarde, no se envanece, no se porta con bajeza, no busca sus propios intereses, no se irrita, no tiene en cuenta el mal recibido; no se regocija con la injusticia, sino que se regocija con la verdad; todo lo disculpa, todo lo cree, todo lo espera, todo lo soporta ... Ahora permanecen la fe, la esperanza, el dinero, esos tres; pero de los tres el mayor es el dinero.

Entre los pastores de la nueva religión los hay verdaderamente célebres por su atrevimiento a la hora de escribir resueltamente en contra de autoridades de disciplinas que desconocen, como por ejemplo la Teología; y muy activos en recorrer el mundo buscando líderes religiosos para aparecer por los medios de comunicación en debates imposibles con la sola intención de mostrar la verdad de la nueva religión, asociando e identificando arteramente dos conceptos muy distintos: el de darwinismo y el de ciencia, cuando la realidad es que el darwinismo escapa de la ciencia, actividad humana a cuya corrupción ha contribuido desde su aparición.

Resulta interesante ver cómo el darwinismo, que sostiene la doctrina eugenista de la supervivencia de los más aptos, ha sido de obligatoria difusión en la URSS y en el México post-revolucionario. Esta es prueba de que el capital, que es darwinista, ha dirigido tales revoluciones, con lo que una de las primeras finalidades descritas por Orwell en su novela *1984* se está cumpliendo desde hace ya más de cien años: la destrucción del lenguaje. Se ha llamado revolución a un conjunto de movimientos gobernados por los intereses del capital, los mismos que antes de la revolución pero más disimulados y también concentrados en unos pocos. No en vano Pauwells y Bergier indican en el Capítulo que hemos reproducido entero y que les invitamos a leer en el Apéndice 2 que *Las implacables leyes de la «evolución económica» tienen mucho de transformismo, y el principio de la lucha de clases es primo hermano de la selección natural.*

Con esta base no resultará sorprendente encontrar conexiones entre determinadas prácticas agrícolas e industriales relacionadas con el abuso de herramientas tecnológicas y un desarrollo indiscriminado, y la visión inhóspita de la naturaleza que es propia del darwinismo. En el futuro la vinculación de la evolución y la economía en la pseudo-ciencia denominada en inglés *evonomics* no augura nada mejor.

Apéndice 1: Menciones a la religión en la biografía de Huxley por Adrian Desmond

Hemos recopilado algunas citas de la biografía de Huxley por Adrian Desmond que hacen sospechar una intención religiosa o anti-religiosa en la obra de Huxley y en particular en su labor como defensor de la obra de Darwin. No hemos querido ser exhaustivos:

1) Título: *Huxley: From Devil's Disciple to Evolution High Priest* (Huxley: de Discípulo del Diablo a Gran Sacerdote de la Evolución)

2) La introducción a dicha biografía se titula *The Apostle Paul of the New teaching*. (El apóstol Pablo de la nueva enseñanza). Y comienza de esta manera:

3) *My good & Kind agent for the propagation of the gospel, Darwin called him.*

Mi bueno y amable agente para la propagación del evangelio, lo llamaba Darwin.

4) En el siguiente párrafo, segundo de la introducción (p XV) leemos:

We owe to him that enduring military metaphor: the war of science against theology.

Le debemos a él esta metáfora militar perdurable: la guerra de la ciencia contra la teología.

Y un poco después, tras alusiones al *corpulent cosmic theist John Fiske*, encontramos *evolution's use in order to understand the class, religious or political interests involved* y otras afirmaciones de este tono, (p XVI):

5) *This is a Story of Class, power and Propaganda.*

Esta es una historia de Clase, poder y propaganda

Casi a continuación:

6) *a new Luther looking for a pulpite*

Un nuevo Lutero en busca de un púlpito

Y cuatro páginas después (p. XX):

7) *the Divinely ordered society was becoming Darwinianly ordered.*

...la sociedad ordenada divinamente se estaba volviendo ordenada darwinianamente.

Para terminar la introducción (p. XXII):

8) *It is crucial today , as the aftershocks of the great Victorian crisis of faith rumble on in the West, to understand this apostle Paul of the new teaching. To understand, in short, the making of our Darwinian world.*

Hoy es crucial, cuando las últimas andanadas de la gran crisis victoriana de la fe se desatan en Occidente, comprender a este apóstol Pablo de la nueva enseñanza. Comprender, en resumen, la creación de nuestro mundo darwiniano.

9) La primera parte de dicha biografía, a continuación, se titula *The Devil's Disciple* (El Discipulo del Diablo)

10) En la p. 13 leemos: *Something had to step in where Christianity had failed*

Algo debería venir a substituir la Cristiandad fallida

11) P. 83: *The Society courtly's days were ending. Its old loyalties to Crown and Church (typified by Burnett and Bishop) were fading with the influx of capitalists, doctors and academics.*

Los días de corte de la Sociedad estaban terminando. Sus viejas lealtades a la Corona y la Iglesia (tipificadas por Burnett y Bishop) se desvanecían con la afluencia de capitalistas, médicos y académicos.

12) P. 86 capítulo 6 titulado *The Eight Circle of Hell.* (El octavo círculo del infierno).

13) P 167: *Joseph Hooker completed the evangelical triad.*

Joseph Hooker completó la tríada evangélica.

14) Capítulo 11 (p 195), titulado *The Jihad begins* (Comienza la Jihad). Y en este capítulo (p. 197):

..in what he saw as science's war against a corrupt theology.

... en lo que él vio como la guerra de la ciencia contra una teología corrupta.

Y un poco más adelante (p 197):

15) *That was a bloody ethic of the age, soon to be sanctified in Darwin's work.*

Esa fue una sangrienta ética de la época, que pronto sería santificada en la obra de Darwin.

16) (p 215) *It was Owen-not Huxley-who was unwittingly playing John the baptist to Darwin's Christ.*

Fue Owen-no Huxley-quien involuntariamente interpretó a Juan el Bautista para el Cristo de Darwin.

17) El capítulo12 (p. 216) se titula *The Nature of the Beast* (La naturaleza de la Bestia). En él se describe la necesidad de un enemigo y su identidad (Richard Owen, p. 218).

18) P. 224: *Darwin's work posed a moral "danger": He denied Good intervention, that guarantor of the Anglican status quo.*

El trabajo de Darwin plantea un "peligro" moral: El negó la intervención divina, ese garante del status quo anglicano.

19) P. 228: *Nature's depravity and violence screamed against a sublime providence.*

La depravación y la violencia de la naturaleza gritaban contra una providencia sublime.

Darwin had donned his satanic surplice, his Bible for a new nature was under way, and some of Huxley's cynism was rubbing off.

Darwin se había puesto su sobrepelliz satánica, su Biblia para una nueva naturaleza estaba en camino, y parte del cinismo de Huxley estaba desapareciendo.

20) P. 236: *He was also helping to reshape London University, that educational "Holy Roman Empire" with his catholic embrace of colleges.*

También ayudó a reformar la Universidad de Londres, ese "Sacro Imperio Romano" educativo con su conjunto católico de colegios.

21) El título que cubre los capítulos 14, 15, 16 y 17 es *The New Luter* (El Nuevo Lutero) y el título del capítulo 14: *The Eve of a Nuew Reformation* (La víspera de una nueva reforma).

22) P. 251: *His ginger group wanted a national museum, but not under Owen's control. Theirs was to be a Temple of Reason.*

Su animado grupo quería un museo nacional, pero no bajo el control de Owen. El suyo sería ser un templo de la razón.

23) P. 252: *A national museum with research facilities would signal the changing ethos.*

Un museo nacional con instalaciones de investigación señalaría el ethos cambiante.

24) P. 253: *Huxley's scimitar was the latest cleansing weapon. He was undercutting the spiritual sanction of a rival profession, reforming God's: rotten borough. Religion was not the problem:*

My screed was meant as a protest against Theology &Parsondom... both of which are in my mind the natural & irreconcilable enemies of Science. Few see it but I believe we are on the eve of a new Reformation and if I have a wish to live thirty years, it is that I may see the foot of Science on the necks of her enemies. But the new religion will not be a worship of the intellect alone.

It would have the Christian ethics of love and duty- The old moral core left after science had stripped off the mythic excrescences.

La cimitarra de Huxley fue la última arma de limpieza. Estaba socavando la sanción espiritual de una profesión rival, reformando la ciudad podrida de Dios. La religión no era el problema:

Mi regla fue pensada como una protesta contra la Teología & los clérigos ... los cuales en mi mente son los enemigos naturales e irreconciliables de la ciencia. Pocos lo ven pero yo creo que estamos en la víspera de una nueva Reforma y si tengo un deseo de vivir treinta años, es que puedo ver el pie de la ciencia en el cuello de sus enemigos. Pero la nueva religión no será una adoración del intelecto solo. Tendría la ética cristiana del amor y el deber: el viejo núcleo moral dejado después de que la ciencia haya despojado a las excrecencias míticas.

25) P. 256: "Creation" for Huxley was as much ideological effrontery as philosophical absurdity.

"Creación" para Huxley era tanto un descaro ideológico como un absurdo filosófico.

26) P. 256: *Huxley had made Straw men of the creationists.*

Huxley había hecho de los creacionistas hombres de paja.

27) P. 266: *Though Darwin was careful not to say it , the Origin ultimately meant that man, "with all his lofty endowements and future hopes, was...never "created"at all, but was merely...a development from an ape". But without the promise of Heaven or the fear of Hell, why should we live a good life? Huxley knew that this was the crux, even as he trashed Wollanston "stupid review".*

Aunque Darwin tuvo cuidado de no decirlo, el Origen en última instancia significaba que el hombre, "con todos sus elevados dones y esperanzas futuras, no habría sido...nunca" creado "en absoluto, sino que era meramente ... el desarrollo a partir de un simio". Pero sin la promesa del Cielo o el miedo al Infierno, ¿por qué deberíamos vivir una vida buena? Huxley sabía que este era el punto crucial, incluso cuando hubiese destrozado la "estúpida crítica" de Wollanston.

28) P. 341: *Mivart was not going to genuflect much longer before bishop Huxley.*

Mivart no haría ya muchas genuflexiones ante el Obispo Huxley.

29) P. 379: "Pope Huxley" was still offering salvation.

El Papa Huxley todavía estaba ofreciendo la salvación.

30) Título de la segunda parte: *Evolution's high priest* El sumo sacerdote de la evolución.

31) P. 402: *Picton fancied that Huxley had underrated "the revolution which modern Discovery is working on religious thought"*

Picton creía que Huxley había subestimado "la revolución que el descubrimiento moderno está trabajando en el pensamiento religioso"

32) P. 407: A Manichean Calvinist like Huxley needed a reactionary Catholicism.

Un calvinista maniqueo como Huxley necesitaba un catolicismo reaccionario.

33) P. 408: *A secular, uniform Nature was now the unquestioned foundation of the darwinian temple.*

Una naturaleza secular y uniforme era ahora el fundamento incuestionable del templo darwiniano.

34) P. 412: Always it was religion with him-before the pyramids, before the museum, even before the fossil-rich limestones.

Siempre estaba la religión con él -ante las pirámides, delante del museo, incluso ante las calizas fósiles.

35) P. 431: The King of Sweden had awarded the Order of the North Star to the evangelical triunvirate: Huxley, Hooker and Tyndall.

El Rey de Suecia había otorgado la Orden de la Estrella del Norte al triunvirato evangélico: Huxley, Hooker y Tyndall.

36) P. 433: *The descent of man went into a to half-price second edition without a murmur, even though the mild Darwin-who could hate with the best of them- added Huxley's scalping supplement on the outcome of the ape-brain debate to spite "the fiend Owen".*

El Origen del Hombre entró en una segunda edición a mitad de precio sin un murmullo, a pesar de que Darwin, que podría odiar como los mejores, agregó el suplemento del cuero cabelludo de Huxley sobre el resultado del debate sobre simios y cerebros para incordiar al "demonio de Owen".

37) P. 434: *The evangelical appeal of Tyndall's poetically self-flowering universe inured an intelectual and Street culture against all supernatural interference. Matter itself had become one great miracle.*

El atractivo evangélico del universo poéticamente autofloreciente de Tyndall encierra una cultura intelectual y callejera contra toda interferencia sobrenatural. La misma materia se había convertido en un gran milagro.

38) P. 435: *Huxley and Tyndall religión lay in duty and agnostic morality-aquiescence before the fact- rather than superstitious reverence.*

La religión de Huxley y Tyndall yace en el deber y la moral agnóstica-aquiescencia ante los hechos- en lugar de una supersticiosa reverencia.

39) P. 435: *The new science was deliberately made to tell against the clergy's supernatural sanction.*

La nueva ciencia fue hecha deliberadamente para contar contra la sanción sobrenatural del clero.

40) P. 435: *Tyndall and Huxley drew their power from the universal soul-Nature would back their claim to "domination over the whole realm of the intellect".*

Tyndall y Huxley sacaron su poder del alma universal; la naturaleza respaldaría su reclamo de "dominio sobre todo el reino del intelecto".

41) P. 439: *The Pope was expected to pontificate on every subject.*

Se esperaba que el Papa pontificase sobre todas las materias.

42) P. 455: *The Church Scientific was about to get its bible.*

La Iglesia Científica iba a tener su biblia.

43) P. 487: *When Darwin and Huxley were put up in opposition for the Academie Francaise in 1877-with Huxley offered the better odds "as being more orthodox" (as George Darwin laughed, another joke with an edge)-Huxley quietly withdrew. The world had a habit of genuflecting and withdrawing before Darwin. Even Gladstone, spending the week-end at John Lubbock's High Elms state with those other liberal deities Playfair and Morley, and descending on Darwin's Hamlet on Saturday 10 March 1877, was chaperoned by Huxley to ensure proper etiquette in a superior deity's presence.*

Cuando Darwin y Huxley fueron propuestos para la Academie Francaise en 1877, Huxley ofreció las mejores probabilidades por "ser más ortodoxo" (cuando George Darwin se echó a reír, otra broma afilada) - Huxley se retiró en silencio. El mundo tenía el hábito de arrodillarse y replegarse ante Darwin. Incluso Gladstone, que pasó el fin de semana en la propiedad de High Elms de John Lubbock con esas otras deidades liberales que eran Playfair y Morley, y descendió a la finca de Darwin el sábado 10 de marzo de 1877, fue acompañado por Huxley para asegurar una etiqueta adecuada en presencia de una deidad superior.

44) P. 497: *These were Huxley's people with their own provocative Encyclicals.*

Esta era la gente de Huxley con sus propias y provocadoras encíclicas.

45) P. 562 Titulo del capítulo28: *Christ was not Christian.*

Cristo no era cristiano.

46) P. 592: *Ironically, after a life in science, his biggest book was of biblical criticism.*

Irónicamente, después de una vida en ciencia, su libro más grande fue de crítica bíblica.

Apéndice 2: Capítulo primero del libro La Rebelión de los Brujos titulado Dudas sobre la Evolución [5]

Contenido:

En el vestíbulo del «Atheneum Club», frecuentado por ancianos caballeros que son honra y prez de la inteligencia anglosajona, pueden verse dos grandes retratos: el de Darwin, y el de su amigo Thomas Henry Huxley, pintor, naturalista y filósofo del evolucionismo.

Una hermosa tarde de junio de 1963, me hallé tomando el té, en la biblioteca del Club, con el nieto de uno de los dos fundadores de la religión evolucionista. Porque, efectivamente, se trata de una religión. El nieto no andaba equivocado al afirmarlo.

Yo dije a Julian Huxley:

—Sir Julian, usted publicó, en 1928, una obra titulada Religión sin Revolución. Su idea se abrió camino. En 1958, treinta años después de su publicación, este libro alcalizó una gran difusión en edición popular. Y en

---

[5] Ofrecemos aquí la versión completa del capítulo según se encuentra en el libro la edición española de Plaza & Janes, 1971.

el Congreso de Chicago, a raíz del centenario de la obra de Darwin, hizo usted una declaración que tuvo enorme resonancia. «La visión evolucionista —dijo— nos permite distinguir las líneas generales de la nueva religión que, con toda seguridad surgirá para responder a las necesidades de la próxima era.» ¿Podemos estar realmente seguros?

—Si —me respondió Sir Julian—. El mundo la espera. La humanidad discierne, más o menos claramente, que hay algo como una religión a punto de manifestarse. O, más bien (si excluyo a Dios o una finalidad divina), un sentimiento exaltado de relación con el todo. Las ciencias están ya lo bastante desarrolladas para que su convergencia pueda producir una nueva imagen del universo. Por esto, el proceso de evolución, en la persona del hombre, empieza a tomar conciencia de sí mismo.

—Una conciencia cuasi-religiosa del proceso evolutivo, ¿no es así?

—Oh, muchos amigos míos ponen objeciones al término religión... Pero, en fin... Ya sabe usted que incluso los sistemas que se dicen materialistas, como el marxismo, tienen aspectos típicamente religiosos...

Decididamente, pensaba yo, mientras mojaba una magdalena en el té, así como los franceses son anarquistas moderados, los ingleses son místicos razonables. He aquí un Teilhard [6] agnóstico. Está visto que, en este momento y a este lado del canal de la Mancha, sopla un viento de religiosidad sobre la frente de los viejos y honorables científicos. Tal vez están descubriendo, en este tiempo de inquietud, con su sólido y discreto orgullo, que sus abuelos darwinistas propusieron efectivamente al mundo una nueva forma de religión.

Pensé en Haldane, otro descendiente de un noble linaje de intelectuales ingleses. También, él acariciaba ideas de religión sin revelación. Me había escrito:

---

[6] Se refiere a Pierre Teilhard de Chardin (1881-1995), a quien nos hemos referido ya en el capítulo titulado *Metafísica de la Unión: El léxico de la evolución*.

«Hay que prever la posibilidad de que nazca una nueva religión, cuyo credo esté de acuerdo con el pensamiento moderno, o, más exactamente, con el pensamiento de la generación precedente. Hoy, podemos encontrar huellas de este credo en las frases de espiritualistas eminentes, en el dogma económico del partido comunista y en los escritos de los que creen en la evolución creadora.»

Los que «creen»...

Observaba a Sir Julian, que revolvía tranquilamente el té con su cuchara. Aquel hombre no había cesado de acumular honores y riesgos. Era un monumento levantado sobre la estrecha frontera entre la generalización idealista y la prudencia académica, entre el misticismo de su hermano Aldous y el determinismo de su abuelo. Después, mi pensamiento se desvió a su turbulento colega Haldane, que había escogido también una noble e incómoda actitud. Había sido comunista, y terminaba una brillante y poco conforme carrera estudiando en la India la fisiología de los yoguis en éxtasis. ¡Esos endiablados y grandes ingleses...!

Seguía una cadena de viejos caballeros. Me parecía estar viendo al buen maestro de la psicosíntesis, el profesor Assagioli, en su pequeño despacho de Roma. «Existe actualmente un hecho muy importante y significativo —decía y es la espera de una gran renovación religiosa...»

Todas estas conversaciones tuvieron lugar antes de que las capitales de Europa viesen surgir una juventud a la vez revolucionaria y antiprogresista, ávida de cosas sagradas, mística y salvaje, con su música sacra al revés y sus rebeldías parecidas a mímicas litúrgicas. Tal vez tengo algo de médium. O quizá, simplemente, por tener menos años que mis grandes ingleses, era más sensible que ellos al futuro. Esta renovación religiosa se producirá —pensaba yo—; esto es seguro. Pero, ¿no saltará hecho pedazos el dogma evolucionista, que sirvió de puente a dos o tres generaciones para cruzar los períodos de eclipse de Dios? Haldane y Huxley retrocedían, captados en *travelling* hacia atrás, en su conmovedora actitud de papaítos bonachones inclinados sobre el porvenir. « ¿Los que creen en la evolución creadora?»[7] Bueno, esto había que observarlo desde cerca, con dudas sobre el cómo y el porqué. Yo, como buen hijo que era, me había aferrado a este dogma. Un dogma que tal vez iba a fundirse, a disolverse, como mi bollo en la taza de té.

Nuestros abuelos habían decretado la muerte de Dios. Pero la Trinidad resistió el golpe. Sólo cambiaron las palabras. El padre se convirtió en la Evolución; el Hijo, en el Progreso; el Espíritu Santo, en la Historia.

Matad al Padre de una vez para siempre. Es decir, poned en duda la Evolución. Entonces, la noción de Progreso fallará por su base; perderá su valor de absoluto; se despojará de su naturaleza casi religiosa. Y, en consecuencia, la Historia dejará de ser necesariamente ascendente. Hela aquí desprovista de mesianismo, reducida a pura crónica. Quizá sea éste el verdadero paisaje, que permanecía oculto detrás de los tabús. ¿Un paisaje frío? Sin duda alguna. Un paisaje para adultos libres, salidos de la tibieza de la matriz.

Naturalmente, hay que tratar con precaución y respeto a los partidarios de la evolución.[8] Durante el siglo pasado, sostuvieron un duro combate.

---

[7] La evolución creadora es expresión muy del tono de las utilizadas por Pierre Teilhard de Chardin (1881-1995), a quien se refiere la nota anterior. En la obra de Claude Cuénot, titulada *Nuevo léxico de Teilhard de Chardin*, encontramos expresiones parecidas como *Dios evolucionador*, *Cristo evolucionador* o *Cristo cósmico*. La expresión era conocida para Teilhard, aunque para él la evolución no es creadora sino que es la *expresión de la creación en el tiempo y en el espacio* (Nuevo léxico de Teilhard de Chardin, p 86).

[8] Los autores se refieren aquí a los partidarios de la evolución como a los miembros de una religión o de una secta, personas de una sensibilidad delicada, no científicos. Resultaría impropio referirse en estos términos a quienes presentan o defienden una teoría científica. La ciencia tiene un método y cuando se propone una teoría que incumple el método, la crítica puede, y debe arreciar. Por supuesto, siempre con el debido

«Dios creó todos los seres vivos, cada uno según su especie», afirma el Génesis. La teología tradicional concuerda con la visión platónica: la Naturaleza es la encarnación de los ideales, y la idea de caballo existió antes que el caballo, diseñada desde toda la eternidad en los cielos espirituales. Concuerda con la fijeza del sentido común y del lenguaje. Hace menos de cien años, un obispo anglicano exclamaba: « 'No! ¡Nada de evolución! ¡Dios creó efectivamente en seis días el mundo, *comprendidos los fósiles!* » El «proceso de los monos», de Dayton, Estados Unidos, donde se persiguió a unos profesores por haber enseñado el transformismo, sólo data de 1926. En la actualidad, la Iglesia ha aceptado los datos fundamentales de la antropología, no sin guardarse de las tendencias teilhardianas a una «religión de la evolución», bastante próxima, a fin de cuentas, a la de Huxley. [9] Después de un análisis neodarwinista de la evolución anatómica del hombre en el Curso de las edades geológicas, leemos lo siguiente en un diccionario de tendencia cristiana:

«Los descubrimientos de fósiles humanos que datan de las últimas edades geológicas, es decir, del terciario y del diluviano, suministran la prueba de que el cuerpo humano participó en la evolución de conjunto del mundo vivo. El cuerpo humano, en su forma actual, es la última prolongación de este proceso evolutivo. Los conocimientos actuales de la ciencia permiten situar un poco antes de la época de transición que lleva del terciario al diluviano, es decir, hace aproximadamente un millón de años, el momento decisivo en que, diferenciándose de un cuerpo

---

respeto que se supone corriente en el diálogo entre personas educadas y no merece mención especial.

[9] Se pone de manifiesto una proximidad entre Teilhard de Chardin, quien buscó el vínculo entre religión y Evolucionismo y Julian Huxley, defensor de la evolución como religión. No en vano, como indicábamos en el capítulo titulado *Metafísica de la Unión: El léxico de la evolución*, el segundo es miembro del comité Científico para la publicación de las obras del primero.

animal ,muy parecido al suyo, el cuerpo humano hizo su aparición en su forma actual. Fue en este momento cuando, después de una larga evolución del mundo animal y vegetal, el ser de carne y de espíritu, llamado hombre, nació del acto creador de Dios y pudo iniciar el camino de su propio devenir.» [10]

La Iglesia moderna acepta, pues, que el cuerpo del hombre es producto de la evolución. En cuanto al alma, mantiene su posición. En cierto momento, en la cadena de transformaciones, aparece un animal que se nos asemeja en gran manera. Entonces, interviene Dios: ése lo haré a mi imagen; demos el soplo decisivo y un «devenir propio» a esa criatura privilegiada.

Como vemos, el conflicto entre «fijismo» y transformismo no está, ni mucho menos, resuelto. Todos están de acuerdo en lo que se refiere al iguanodonte, al pez volador o al chimpancé. Pero el cristiano recupera el espíritu del Génesis en la última etapa de la creación. Sin embargo, este

---

[10] Lamentablemente no indican los autores la fuente de este texto al que se refieren como procedente de un diccionario de tendencia cristiana y que contiene ideas habituales en el relato evolucionista católico de la etapa post-conciliar. El Concilio Vaticano II, anunciado e inaugurado por Juan XXIII y clausurado por Pablo VI tuvo lugar entre 1962 y 1965. Ya antes de él, a partir de 1950, Pío XII había declarado la evolución biológica como una hipótesis sobre cuya plausibilidad es posible discutir, y en 1996 Juan Pablo II afirmó que, teniendo en cuenta los avances de las diversas ciencias, es posible afirmar que la evolución es «más que una hipótesis». En el seno de la Iglesia Católica se habían expresado ideas contrarias y en particular entre 1877 y 1900 la Santa Sede actuó en varias ocasiones contra el evolucionismo. Es posible que no fuese más drástica por tener presentes todavía los inconvenientes resultantes del Caso Galileo (Martínez, 2007). Empero, los orígenes del hombre continúan siendo un enigma, cada vez se retrasa más una hipotética fecha de atribución de los primeros restos humanos y es frecuente encontrar expresiones de imprecisión semejante a la de este texto que dice que el hombre hizo su aparición "hace aproximadamente un millón de años".

conflicto, tan fundamental, se pasa actualmente en silencio. La amistad entre los progresismos cristiano y ateo bien vale que se pase por alto esta confusión sobre la evolución. ¡Chitón!, camaradas, y marchemos juntos y del brazo en el sentido de la Historia.

Cierto que la historia de la idea de evolución es una historia de confusiones, como demostró muy bien Emmanuel Berl en un notable y breve ensayo: «La evolución de la evolución». [11]

Esta idea de evolución daba náuseas a Cuvier, el cual, empero, contribuyó mucho a su futuro al fundar la paleontología. Cuvier pensaba poder reconstruir cualquier animal partiendo de un huesecillo. Esto era apostar por una arquitectura natural de las especies, por una especie de «número áureo» del diplodoco o de la jirafa, por unos ideales arquitectónicos que el transformismo hacia pastosos, entremezclados en una papilla evolutiva. La multiplicación de las especies, la desaparición de ciertas formas de vida, ¿Son fruto de los proyectos de algún gran arquitecto? En cambio, el transformismo veía un sólido encadenamiento de causas y efectos. Las especies se engendran según las ingeniosas necesidades naturales. El finalismo de Lamarck, y también el de Geoffroy-Saint-Hilaire, presuponen una acción determinante del medio. Los seres vivos se transforman porque el medio ambiente y las condiciones de vida les obligan a hacerlo. La adaptación es la causa determinante. [12] Ella da patas a los grandes reptiles, y calienta su sangre

---

[11] La confusión reinante en evolución ha sido denunciada en numerosas ocasiones y tiene su origen en Darwin. Ver por ejemplo Cervantes, 2011b, 2012a, 2012b, 2012c, 2013 y Cervantes y Pérez Galicia, 2015.

[12] Un ejemplo de la confusión reinante en evolución a la que se refiere la nota anterior: La adaptación puede ser lo mismo causa que consecuencia. Las frases que siguen son ejemplo de personificación de la naturaleza, detectada por Pierre Flourens en su crítica al libro de Darwin (Cervantes, 2013; Flourens, 1864). El origen de la confusión reinante en evolución se encuentra en la obra de Charles Darwin (Cervantes, 2011b) y se debe a la constante arbitrariedad en el uso de términos, fundamentales pero

cuando se retiran las aguas. Una rama de su descendencia se hace pájaro: bajo la influencia del medio, cada vez más oxigenado, los flecos membranosos se convierten en plumas. La zoología, la botánica y la naciente biología abrigaban grandes dudas al respecto. Por ejemplo, no se acababa de comprender por qué el lino y el cáñamo podían adoptar formas muy distintas en un medio idéntico. No se comprendía cómo las especies que, según demostraba la observación, se resistían a mezclarse para producir híbridos, hubiesen podido copular entre ellas de un modo tan extraño, en tiempos en que no existían los zoólogos. A pesar de todo, el transformismo era bastante satisfactorio para la inteligencia. Así como el hombre inventa utensilios, la función crea el órgano. El caracol se provee de cuernos, de la misma manera que el ciego se suministra un bastón; y la jirafa estira el cuello para alcanzar los dátiles. Pero Fabre se preguntaba cómo habían vivido las abejas antes de aprender a confeccionar la miel. «Lamarck —escribió Cuvier, a quien aquél tachaba de loco— es, desgraciadamente, uno de esos sabios que no han podido resistirse a mezclar conceptos fantásticos a los verdaderos descubrimientos con los que enriquecieron nuestros conocimientos. La teoría de la evolución es un grande y hermoso edificio que, desgraciadamente, se apoya sobre cimientos imaginarios.»

Sin embargo, la teoría acabaría imponiéndose. En efecto: no se podía negar que hubiese una historia cambiante del ser vivo. Pero, ¿se apoyaba esta historia en alguna clase de determinismo? No se podía tener la seguridad de que el transformismo lamarckiano fuese la explicación acertada. Pero sí era seguro que había que buscar en el sentido de un encadenamiento de causas y efectos. Si dudamos de que el efecto sigue a la causa y de que las causas producen necesariamente efectos, la ciencia deja de ser metódica y pierde su objetivo. Como observa Emmanuel Berl: «El transformismo tenía un triunfo muy firme para los sabios: extendía el campo de aplicación del determinismo (…). Esta evolución les parecía como una declaración de los derechos del determinismo sobre la zoología y la botánica (...) Las especies animales son otros tantos

---

ambiguos, como adaptación y evolución, y el abuso de otros contradictorios en sí mismos como selección natural (Cervantes, 2016).

efectos, y estos efectos provienen de causas que la ciencia podrá descubrir a lo largo de los siglos; aunque no encuentre la causa primera, que no forma parte de su campo de estudio. Esto es absolutamente indispensable; no hace falta nada más.»

El transformismo lamarckiano fracasa, pero Darwin reconcilia esta noción con la idea general de evolución, proponiendo una explicación mecanicista a la transformación de las especies. Se acumulan mutaciones insensibles, y la Naturaleza escoge, en función de la selección. [13] Pero, ¿con qué prodigioso juego de casualidades consiguió la Naturaleza crear un órgano tan perfecto como el ojo de los vertebrados superiores? Darwin confesaba que no podía pensar en esto sin que le acometiese la fiebre. Por lo demás, era un intelectual carente de fanatismo, prodigiosamente abierto y aventurero, que hacía, sólo por ver, lo que él llamaba «experimentos idiotas», como tocar la trompeta a unas enredaderas. [14] Y Wallace, tan abierto como él, fue un pionero de la parapsicología. Pero ni las mutaciones insensibles, ni las mutaciones bruscas de De Vries, conseguirán justificar el principio de selección

---

[13] Esta es la versión al uso de la función de las mutaciones en la evolución. La teoría evolutiva se basa en dos dogmas centrales que son: Las mutaciones al azar y la selección natural. Aquí dice el autor mutaciones insensibles, pero da igual: El azar nunca se puede considerar fundamento de una teoría científica, y esa insensibilidad tampoco. En cuanto a la selección natural, es producto de varios errores de Darwin: Tomar la granja como modelo de la naturaleza, confundir selección con mejora (la parte con el todo; Cervantes y Pérez Galicia, 2015) y confundir variedades con especies. En la granja se producen variedades, no especies.

[14] Los autores se suman a la tendencia general que muestra una imagen de Darwin siempre positiva: un intelectual optimista, abierto y aventurero. Por el contrario su biografía lo muestra más bien como un señorito ocioso, un gentleman y muy alejado del temperamento entregado y metódico del científico.

natural y, en suma, de evolución planificada. ¡Extraña historia la del reptil, cuando empezó a salirle una punta microscópica de ala! ¡Y más extraña aún, si una alita pequeña y verdadera le salió de un solo golpe! ¡Qué prodigiosas coincidencias de casualidades las que, a través de mutaciones insensibles, condujeron a un órgano tan perfectamente elaborado como el ojo del tigre! ¡Y qué formidable producción de monstruos enfermizos, con las bruscas mutaciones! ¿Cómo puede actuar la selección natural en estas condiciones?

«Firmemente resueltos a no poner en duda la evolución —escribe Berl— , Bergson y toda la ciencia de su tiempo reconocen que no tienen la menor idea de los mecanismos por medio de los cuales se produce esta evolución. El golpe teatral más estupendo es la conclusión de Bergson: ya que no podemos explicar La evolución de los fenómenos, es necesario y suficiente explicar los fenómenos por la evolución. Atribuir a ésta un poder creador, un "impulso vital"[15] que empuje a los seres evolutivos, aunque no encontremos en éste rastros de aquélla. Si no comprendemos cómo pudo formar la evolución el ojo del hombre, razón de más para decir: la evolución ha formado este ojo. Huelgan unos mecanismos determinantes, puesto que la evolución determina por si sola.»

Al padre Teilhard le bastará con seguir este camino real; lo encontró trazado por entero.

«Por un extraño movimiento de regreso, la evolución, que antaño se decía hija del determinismo y pretendía proceder de él y ser su consecuencia necesaria, se vuelve contra él, lo niega, reniega de él con un desdén que muy pronto ni siquiera tratará de disimular. No afirma que los efectos tengan causas; no quiere afirmarlo. Lo esencial es que corrobora y confirma el progreso, un progreso de la Naturaleza hacia la Inteligencia, de la Historia hacia la Justicia, de la Humanidad hacia lo Sobre-humano.»

---

[15] Impulso vital, *l'élan vital* es una expresión ampliamente usada por Bergson, en quién, según los autores y con toda probabilidad, Teilhard de Chardin se inspira.

El transformismo, que, quiérase o no, está en la base de la idea de evolución, es abandonado como mecanismo coherente, como encadenamiento de causalidades. Existe una causa final, que produce efectos a lo largo de la historia de los seres vivos. Es un determinismo invertido, y los fenómenos inexplicables de la evolución se explican por el solo hecho de que son resacas del futuro.

Y, si la genética descarga un golpe mortal al transformismo, no por ello destruye la idea de evolución ascendente. Porque esta idea ha pasado del nivel de la explicación científica al nivel de mito necesario para una civilización.

La teoría de los cromosomas de Weismann y las leyes de Mendel destruyeron las tesis sobre las mutaciones que habían venido en apoyo del transformismo. [16] Al afirmar que los caracteres transmitidos son invariables, y que no puede haber transmisión de los caracteres adquiridos, ya que la herencia actúa, no de organismo a organismo, sino de germen a germen estable, la genética no dice nada en absoluto a favor del evolucionismo. [17]Cuando Lyssenko y los mitchurinianos de la época stalinista se pronuncian a favor de la evolución y contra la genética, lo hacen con plena conciencia de la contradicción en que incurren. Pero necesitan apoyos «científicos» para el mito necesario. [18] En nombre de La

---

[16] No obstante, Weismann, un darwinista militante, propuso la "teoría" de la barrera somático-germinal en un intento casi imposible de presentar un darwinismo desprovisto de Lamarckismo (suprimiendo arbitrariamente la herencia de caracteres adquiridos). Los resultados experimentales de los últimos años tienden a dejar las cosas en claro: Herencia de caracteres adquiridos y nada de barreras imaginarias.

[17] Este párrafo presenta algunas afirmaciones confusas en las que no queremos entrar en detalle. Hay que tener en cuenta que se trata de dos periodistas que escriben sobre Genética y Evolución, temas que no les son muy familiares.

[18] Efectivamente, el apoyo de Lysenko y de todo el *establishment* científico de la URSS a Darwin es forzado, pero es necesario y obligatorio,

verdad científica envían a los geneticistas a presidio; pues, para ellos, la ciencia no es solamente la verdad, sino la verdad más la esperanza; la esperanza de ser causa, de poder modificar y mejorar la naturaleza del hombre por un cambio del medio que dé al transformismo la posibilidad de ejercer sus virtudes. Cierto que era una crueldad inútil enviar a los sabios a la muerte. Pero aquellos materialistas no tenían suficiente confianza en el mito. Ni si-quiera hubiese sido necesario el silencio. El mito de la evolución ascendente vive muy bien y engorda con las contradicciones, que le sirven de suero.

Los transformistas de principios del siglo XIX [19] consideraban más que suficiente el haber sustituido el arbitrio del Creador por una hipótesis que implicaba cierto determinismo. No se pronunciaban sobre un sentido cualquiera de la evolución. Las causas engendraban efectos, la acción del medio y la selección natural hacían que se modificasen las especies, las formas de vida se desplegaban, obedeciendo a necesidades implacables, desde la amiba hasta el hombre. Se guardaban muy mucho de pronunciarse sobre una cuestión que, por lo demás, les habría parecido desprovista de espíritu científico: ¿tiene la evolución un sentido? El transformismo no era pesimista ni optimista. Se negaba a dar una intención y una dirección a un fenómeno natural. En esto, se avenía bastante bien con el espíritu de la época, que mantenía un equilibrio bastante desmañado entre la esperanza y la desesperación, con una ligera

---

impuesto por la jerarquía, como hemos demostrado en Cervantes y Bravo, 2016.

[19] El fundador del transformismo es Lamarck (1744-1829). A lo largo del XIX abundan las disputas pero más importante que la diferencia entre transformistas y creacionistas que transluce en este párrafo, es la diferencia entre científicos y dogmáticos. Darwin representa la segunda opción y, en colaboración con Huxley, Hooker, Lyell y otros se las arregló para convertir, con su libro, un interesante tema científico en debate popular polarizado. En su correspondencia es donde encontramos por primera vez la palabra Creacionista.

preferencia por la lucidez amarga. Julio Verne era contemporáneo de unos filósofos que profetizaban el Apocalipsis, y Baudelaire exclamaba: « ¡El mundo se acaba!» Por otra parte, la física de la época tiene negra la color. La entropía generalizada condena al mundo a la extinción. Nietzsche encuentra en el determinismo que preside la evolución de las especies, algo con que alimentar su visión trágica. Se pasma sombríamente ante la dureza implacable de la selección natural y al ver aparecer el hombre sobre un inmenso cementerio de especies enterradas. [20] Los, biólogos, que «no vieron a Dios en sus probetas, se encogerían de hombros, bajo su levita negra, si se asignase un sentido, cualquiera a los fenómenos naturales. Sólo los determinismos físico-químicos se hallan en juego. Y los propios psicólogos se colocan a su lado: la inteligencia y las virtudes son productos, como el alcohol y el azúcar. En cuanto al hombre, *desciende* del mono. El propio verbo excluye toda idea de una ascensión cualquiera del ser vivo, de una dirección positiva del «impulso vital». El Génesis nos hacía nacer del polvo y nos decía que volveríamos a él. El dogma afirmaba que éramos barro animado por Dios. No somos

---

[20] Más que pasmarse, Nietzsche fue muy crítico con la Selección Natural. En su libro "El crepúsculo de los ídolos", en el capítulo titulado "Incursiones de un intempestivo" (pp 122-123), se lee: *"Anti-Darwin. En lo que respecta a la famosa "lucha por la vida", me parece que de momento está más afirmada que demostrada. Se da, pero como excepción; el aspecto global de la vida no es el del estado de necesidad, el de la hambruna, sino más bien el de la riqueza, el de la exuberancia, incluso el del absurdo derroche: donde se lucha, se lucha por poder... no se debe confundir a Malthus con la naturaleza. Ahora bien, suponiendo que exista- y en verdad, se da- esa lucha transcurre, por desgracia, de modo inverso al deseado por la escuela de Darwin, al que quizá sería lícito desear con dicha escuela: a saber, en contra de los fuertes, de los privilegiados, de las excepciones felices. Las especies no crecen en perfección: Los débiles se enseñorean siempre de los fuertes, y esto es porque son el mayor número y también porque son más listos....Darwin se ha olvidado del espíritu (qué inglés es esto!), los débiles tienen más espíritu... Hay que necesitar espíritu para obtener espíritu, y se pierde cuando ya no se necesita. Quien tiene la fuerza se desprende del espíritu..."*

este producto de la voluntad del Señor, sino, simplemente, un primate que evolucionó por el juego de causalidades ciegas y fue arrojado a una Naturaleza que no tiene ningún fin y que, por lo demás, está condenada a la extinción por la termodinámica.

Si, por una extraordinaria circunstancia, los descubrimientos de la genética moderna se hubiesen realizado antes del advenimiento de la civilización industrial, los partidarios del fijismo habrían llevado la mejor parte. Como dice acertadamente Emmanuel Berl, estos descubrimientos habrían «entusiasmado a los filósofos más obsesionados por lo Eterno, más indiferentes a la Duración». No se habría hablado de «impulso vital» ni, con mayor razón, de «evolución creadora». Los Principios de majestuosa inmutabilidad de la Naturaleza habrían triunfado, y toda nuestra visión del ser vivo, de la historia del hombre y sus sociedades, de nuestra propia civilización, se habría modificado.

Pero, mientras tanto, la Idea de evolución se habría emparejado con la idea de progreso. Con la civilización industrial y sus primeros y espectaculares logros, se extinguió el concepto de que la edad de oro había quedado atrás. La máquina de vapor y la electricidad desplazaban el paraíso desde atrás hacia delante. Íbamos a «triunfar sobre la Naturaleza», a cambiar las cosas Y. por consiguiente, a cambiar el hombre. El transformismo volvía a recobrar el pelo de la dehesa; la industria, que transformaba el medio, transformaría la humanidad. La «marcha hacia delante» es «irreversible». «Es imposible detener el progreso»; la Humanidad puede confiar en descubrir un sentido a la Historia. Hegel elabora la metafísica del progreso, y Marx, su antropología. El impulso fáustico que se desarrolla en la fábrica y en el laboratorio enlaza con el mítico «impulso vital», y es este último mito el que dará carácter de absoluto a un hecho de civilización muy limitado en el tiempo.

El medio determina la transformación, y la función crea el órgano: he aquí el fondo de lamarckismo que volveremos a encontrar en el «socialismo científico». Y cuando Marx declara que la humanidad realiza sus descubrimientos en el momento en que le son necesarios, es también Lamarck quien habla. Las implacables leyes de la «evolución económica» tienen mucho de transformismo, y el principio de la lucha de clases es primo hermano de la selección natural. [21]

La idea de evolución creadora, que es un invento de la mente para dar cuenta de una historia general del ser vivo cuyo mecanismo no puede explicarse, servirá para justificar plenamente los sacrificios que en nombre del progreso exige la naciente civilización industrial. ¿Es el progreso una noción relativa? ¡No, y no! El progreso radica *en la naturaleza de la evolución*. Participa del impulso que eleva al ser vivo en el decurso de los tiempos. Es correlativo a la evolución. «Con el apareamiento de la evolución y el progreso —dice Berl—, la evolución (es decir, la idea de evolución creadora, que era mucho más mítica que científica) adquiere dignidad política, y el progreso (que no era más que una constante bastante dudosa, prendida en una estrecha coyuntura del tiempo) cobra dignidad científica.» [22]

Pero desde el momento en que el progreso adquiera esta dignidad y se erige en rey del mundo, le conviene rechazar todo el pasado y sumirlo en una noche de prolongados, torpes y balbucientes esfuerzos. El progreso es el magnífico heredero de toda la evolución, el producto resplandeciente, definitivo, de tres mil millones de años de vida y de esfuerzos por conseguir esta entidad espléndida. El progreso ilumina el

---

[21] Efectivamente. Tanto la obra de Marx como la de Darwin están basadas en oxímoron: La dictadura del proletariado y la selección natural. Tengamos en cuenta el título completo de la obra principal de Darwin: *El Origen de las Especies por medio de la selección natural o la supervivencia de las razas favorecidas en la lucha por la vida.*

[22] Dignidad científica es oxímoron. La ciencia se caracteriza por un método. La evolución, creadora o no, y el progreso, no pertenecen al ámbito estrictamente científico puesto que, como bien indica aquí el texto, son mitos.

mundo. Antes, el mundo estaba a oscuras. En realidad, el hombre no conocía la luz del día. Esto es lo que significa el término «siglo de las luces». Es el siglo que ve nacer la idea del progreso. Con él, llega nuestro tiempo, el tiempo de los hijos del tiempo. Surgimos al fin, y tomamos por nuestra cuenta las riendas de la evolución; nosotros, que hasta entonces habíamos estado ligados a una lenta evolución de la materia, a un tímido avance, sofocante y terrorífico, sometido a la mordedura de las inclemencias químicas, de los organismos nocivos que vegetaban en las encharcadas aguas del Devónico.

A partir de entonces, tenemos la seguridad de que el progreso está justificado por la evolución y de que la Historia tiene, en consecuencia, un carácter mesiánico. Pero debemos considerar si esta certeza deriva de los imperativos de nuestra civilización industrial y técnica, más que de una realidad científicamente revelada. Emmanuel Berl tiene muchísima razón cuando habla, a este respecto, «de la presión ejercida (sobre los defensores de la evolución creadora) por la civilización que les rodea». Es ésta, sigue diciendo, «la que, sin duda alguna, confiere a las ideas de evolución y de progreso un valor que no guarda proporción con los fenómenos efectivamente comprobados. [23] Es ella quien orienta las investigaciones en el sentido conveniente, anulando las prevenciones contra palabras que significan e insinúan mucho más de lo que expresan; la que incita a confundir una teoría verosímil pero discutible, como todas las teorías, con un conjunto de hechos establecidos. [24] Estos hechos

---

[23] En relación con la influencia negativa que ha tenido la idea de evolución sobre las Ciencia Sociales dice Mauricio Jalón: "Ya en 1921, Sapir recordaba lo pernicioso que había sido, para las ciencias sociales, el prejuicio evolucionista del positivismo: la progresividad científica había conseguido, ante todo, tiranizarlas." La pregunta es: Si la progresividad científica, que no es ni más ni menos que una parte del mito de la evolución, había conseguido tiranizar a las ciencias sociales, ¿qué no habría hecho con las ciencias experimentales?, ¿acaso Sapir no quería ni siquiera pensarlo? (Cervantes, 2014).

[24] La confusión entre teoría y hechos está en la base de la llamada teoría de la evolución desde Darwin (Cervantes, 2011b, 2012a, 2012b). Por eso

pueden revelar situaciones pretéritas, sucesiones, causalidades; pero no pueden, evidentemente, revelar finalidades y, menos aún, el sentido último de unos procesos que no han finalizado y cuyo término es imprevisible.

«[25]No conocemos, ni podemos conocer, el desenlace de los combates que la vida entabla contra sí misma y contra la materia inanimada. Los biólogos no podían prever la bomba atómica, ni saben qué nuevos virus podrán, mañana, diezmar nuestra especie. Su evolucionismo implica, pues, un acto de fe; un acto de fe que ni siquiera se apoya en una revelación y que se hace aún más difícil desde el momento en que excluimos la transmisión de los caracteres adquiridos. [26] Al profesar el evolucionismo, creen dominar y dirigir la sociología, cuando en realidad no hacen más que someterse a ella. Pues es la sociología, y no la biología, la que presta a la evolución el prestigio y el atractivo que ejerce sobre

---

no es de extrañar que Antonio Lima de Faria dijese que no hay teoría alguna de la Evolución, afirmación con la que estamos plenamente de acuerdo.

[25] El uso de las comillas se mantiene igual que en el texto original y en algunos párrafos como en este que aquí empieza sugiere que se han tomado de otro texto, probablemente de la obra de Emmanuel Berl a quien se refiere en varias ocasiones pero cuyo título no indica.

[26] El neodarwinismo, basado en la "teoría" de la barrera somático germinal de Weismann ha negado durante décadas la transmisión de caracteres adquiridos, con lo cual conseguía marcar una diferencia entre Lamarck y Darwin, desacreditando al primero en beneficio del segundo. Como indicábamos en la nota 7 los resultados experimentales de las últimas décadas han venido en apoyo de Lamarck, los caracteres adquiridos se heredan, no hay barrera somático-germinal y como decía Pierre Flourens, en el fondo toda la ciencia de Darwin es la de Lamarck (Flourens, 1864; Cervantes, 2013).

nosotros. Es el progreso del hombre, y no el de las especies animales y vegetales, el que rige nuestro trabajo y nuestras ideas.

«Y, si nos sentimos inclinados a pensar que todo va de mejor a mejor en el mundo, es porque vemos aumentar el poder que el hombre ejerce sobre él. Montaigne se burlaría de esta idea. Pero, se mire como se mire, en la actualidad todos saldríamos ganando si considerásemos la evolución con mayor desconfianza y si empleásemos esta palabra con más cautela y con mayor rigor. El evolucionismo se volvió contra el determinismo, después de haberse confundido con él; se volvió devoto, si no ortodoxo, después de haber sido ardientemente librepensador. ¿Cómo saber a qué causas servirá mañana? Ni siquiera podemos afirmar que asegure el bienestar de sus adeptos: los poetas nos enseñaron, hace mucho tiempo, que se puede torturar con la esperanza, y los historiadores, que los jefes de los pueblos pueden hacer más atroz la vida presente, en nombre del porvenir mejor que les prometen. Las peores tiranías se hacen excusables, e incluso se justifican, cuando damos por cierto que el mundo, sometido a una fatalidad dichosa, camina hacia un estado paradisíaco. Si, pase lo que pase, todo tiende al bien, el mal deja de existir: una enorme carnicería no detendría el curso de la evolución; algunos pueden incluso alardear de que la aceleraría y de que una pequeña sangría de novecientos millones de hombres facilitaría a los supervivientes el acceso a la sociedad sin clases a la que aspira el socialismo; de la misma manera, los nazis se jactaban de que, eliminando las razas inferiores, harían más rápido y seguro el juego bienhechor de la selección natural. El evolucionismo no está más exento de delirio que todos los otros "sanos". Incluso es preciso vigilarlo de cerca`, sobre todo si se quiere defenderlo».

A decir verdad, no me siento inclinado —y tampoco Bergier, [27] a «defender el evolucionismo». ¿Y si la evolución fuese como una de esas muñecas debajo de cuya falda aparecen otras varias muñequitas

---

[27] Curiosa manera de escribir en la que, en un libro firmado por dos autores, aparece de repente citado uno de ellos por el otro de manera que hacen ver aquí que es Louis Pauwels el autor único de este capítulo.

enteramente formadas? ¿Si hubiese habido, por ejemplo, varias apariencias del hombre, y varias tentativas humanas de dominar la Naturaleza? ¿No habría entonces, en esta creencia positiva, un optimismo que no iría acompañado de la fe en un «impulso vital» ascendente, ni del rechazo de todo el pasado de la Creación en una oscuridad fangosa? Habría habido varias tentativas, y la actual sería la buena. Naturalmente, también esta idea es delirante. Pero el retroceso incesante, durante los últimos años, del campo de observación de la historia humana, proporciona buenos puntos de apoyo a este delirio.

Los biólogos modernos —advierte André Bouthoul en su obra *Variaciones y mutaciones sociales*— se inclinan a creer que, durante el último período geológico, la Naturaleza dejó de crear nuevas especies animales. Cuénot (*La evolución biológica*) calcula que, hace unos quinientos millones de años, después de la aparición de los pájaros, el verbo creador de la Naturaleza pareció agotarse. Ninguna estructura nueva surgió después de los primates y del hombre.

Y, no obstante, parece que no varió la densidad media de radiación, que nada cambió sensiblemente en nuestro medio físico. Entonces, ¿qué pensar de la evolución como proceso continuo? «Las observaciones de la biología moderna —sigue advirtiendo Bouthoul—hacen dudosa la aparición de mutaciones que den origen a especies nuevas.» Morgan sometió a ciertos insectos a los tratamientos más variados, comprendido el bombardeo con rayos correspondientes a las condiciones físicas de las épocas geológicas más antiguas, sin obtener resultad probatorios.

Sin embargo, la especie humana modifica, en muy pocos siglos, sus posibilidades de acción, sus modos de existencia. Aquí, para no perder el hilo del evolucionismo (confundido en nuestras mentes con la noción de progreso), recuperamos acrobáticamente la idea de las mutaciones, declarando que la creación de las máquinas y de las técnicas constituye verdaderas mutaciones biológicas de la especie humana», y que, si la evolución ascendente no ha afectado al *homo* en general, sí que ha influido en el *Homo sapiens* y en sus sociedades. Como si la Naturaleza, bruscamente fatigada, o la evolución progresiva, al sufrir una avería, hubiesen delegado sus funciones en el *Homo sapiens*. Y, en nuestro empeño de ser evolucionistas a pesar de todo, volvemos al puro y simple acto de fe de un Padre de la Iglesia, san Clemente de Alejandría: «Una vez definitivamente terminada la Creación, el hombre fue encargado de regir los destinos de la Naturaleza.»

A menos, que, en nuestra búsqueda de huellas de una evolución, las encontrásemos efectivamente. Pero ésta debería, actuar exclusivamente en el hombre Y, en este caso, tendríamos que hacernos a la idea de que el hombre es una criatura excepcional, perteneciente a una especie privilegiada; de que el hombre es objeto y producto de determinadas fuerzas: «Algunos biólogos opinan en la actualidad que las mutaciones espontáneas, visiblemente terminadas en las especies animales, siguen produciéndose en el encéfalo humano, principalmente en las zonas corticales, de suerte que las modificaciones de las mentalidades no serían más que el aspecto psicosociológico de aquellas mutaciones espontáneas, de origen misterioso y tal vez cósmico» (Bouthoul). Situados en estas perspectivas, contrarias a la teoría general de la evolución, no tendríamos más remedio que declarar que el hombre es un animal fuera de serie, que constituye una forma viva ajena al proceso global. He aquí una declaración que nos sentimos fuertemente tentados a hacer, por nuestra cuenta y riesgo. Pues bien, dejémonos tentar. Planteadas así las cosas, tenemos que añadir que esa forma viva, que escapa al proceso general, podría muy bien aparecer, no al final de una lenta evolución, sino de manera acelerada, y cada vez que le resulta posible. En la historia de nuestro planeta, el hombre pudo aparecer varias veces durante los millones de años que quedaron atrás. De suerte que, la escala de nuestras vidas y de la duración de nuestras civilizaciones, podríamos decir que el hombre en eterno. Esta hipótesis no es mística. No presupone un Dios testarudo y vigilante que crea al hombre cada vez que las condiciones se lo permiten. Es una hipótesis natural. Así como el azar no interviene en la química, tampoco influiría en la evolución. Así como existen moléculas estables, habría al menos una forma de vida, el hombre, que se manifestaría con constancia, cada vez que se presentase la ocasión; que pasaría por muchas vicisitudes, avatares, altibajos, degeneraciones y ascensiones, en una eterna tentativa de realizarse con plenitud.

Cada nuevo descubrimiento hace retroceder la fecha de nacimiento del primer hombre. En septiembre de 1969, un congreso de antropólogos y paleontólogos, reunido en la sede parisiense de la UNESCO, rechaza la idea de que el hombre de Neanderthal fuese nuestro antepasado, y admite que, hace más de dos millones de años, existía un hombre que confeccionaba útiles y practicaba un culto a los muertos. Pero esto resulta ya insuficiente. Las excavaciones del Chad revelan una humanidad cuya antigüedad se remonta a seis millones de años. Esta pista podría seguir indefinidamente y hacernos pensar que, a nuestra escala, hablar del primer hombre es lo mismo que hablar del extremo del Universo.

No pretendemos lanzar la idea de que el nacimiento del hombre podría ser sincrónico de la formación de la vida sobre la Tierra, hace más de tres mil millones de años. Pero es posible que, en diez millones de años, surgiese la especie humana, desapareciese se a causa de ciertos cataclismos y volviese a aparecer, de la misma manera que renace la vida en las islas convertidas en improductivas por erupciones volcánicas.

« La explicación darwiniana de la transformación de las especies por mutaciones lentas y graduales es, en la actualidad, difícilmente aceptable. Una propiedad que no ha tenido tiempo de afirmarse, que sólo existe en estado embrionario, tiene muy pocas probabilidades de alcanzar jamás el estado adulto: con frecuencia, no es más que un obstáculo en la lucha por la vida, y, por esta propia circunstancia, está condenada a desaparecer. ¿Cómo pudo, en estas condiciones, desarrollarse fase por fase esa totalidad constituida por un ser completamente nuevo?» Esta es la pregunta que se formula un biólogo como Heinrich Schirmbeck. Sin embargo, y fundándose en los resultados suministrados por la antropología, pone fuera de duda que el hombre, «elemento de la Naturaleza, tiene un pasado biológico cuyas raíces se hincan en un conjunto de formas animales preliminares». Al propio tiempo, otros sabios, al tropezar con la imposibilidad de explicar evolutivamente la génesis del hombre, no han vacilado en dar un rodeo para salvar el obstáculo, en aislar al hombre del resto del universo y en atribuirle, desde el principio, un devenir propio. Así, Edgar Dacqué, en vez de considerar al hombre como la forma más reciente de una larga evolución, afirma que es el «primogénito» de la creación, cuyo centro ocupa. Según Dacqué, el hombre sería el ser primeramente concebido en el decurso de todos los tiempos, y toda la creación habría proliferado alrededor de este modelo inicial.

Nuestra hipótesis parece, en relación con aquélla, un poco menos fantástica. Presupone una forma de vida estable, que aparece y desaparece según coincidan o no las condiciones necesarias, que se manifiesta, se extingue y reaparece en el decurso de los tiempos. ¿Es esto un «verdadero delirio utópico», como el de Dacqué? En todo caso, y habida cuenta de que el curso de los tiempos «humanos» se prolonga sin cesar ante nuestros ojos a medida que progresa la investigación antropológica, tenemos perfecto derecho a buscar explicaciones distintas de las del evolucionismo.

En 1856, cuando se descubrieron los primeros fragmentos del esqueleto del hombre de Neanderthal, no faltaron expertos que declarasen que el .hombre no se remontaba a tiempos tan remotos y que se trataba de restos de un salvaje o de un idiota. Pero, desde hace un siglo, se han exhumado, en muchos lugares del mundo, restos de hombres fosilizados y de hombres-monos, sin que sea fácil, frente a formas ora indescifrables, ora humanas, establecer filiaciones y trazar un árbol genealógico. El neanderthaliano, que tallaba los finos útiles de la época musteriense, que construía sepulturas y se comunicaba con el lenguaje de los conocimientos técnicos, se nos presenta actualmente como un momento de la historia humana (cincuenta mil años atrás) incomprensiblemente suspendido en la noche de los tiempos. Parece como una aberración, fruto de cruzamientos entre un *Homo habilis* infinitamente más antiguo, o de un *Homo sapiens* ya aparecido, y los pitecantropos, una variedad de cruce, como el hombre de Solo, en Java.

El doctor Leakey, que, desde hace más de cuarenta años, realiza excavaciones en África oriental, descubrió en Kenya, en 1948, vestigios de uno de los primeros eslabones de la cadena que pudo dar origen a los primates y al hombre, vestigios cuya antigüedad se estima de unos cuarenta a veinticinco millones de años. En 1959, el doctor Leakey descubrió el tipo homínido más antiguo de los conocidos hasta entonces, el zinjantropo australopiteco, que había morado en Olduvai, Tanzania, hace de 180.000 a 800.000 años. En 1962, descubrió el kenyapiteco, cuya antigüedad se re-monta a unos cimienta millones de años y que parece situarse también en la línea de los antepasados homínidos. En 1963, pensó que un nuevo descubrimiento efectuado en Olduvai, el del *Homo habilis*, ponía en tela de juicio todas las teorías existentes sobre el Origen del hombre.

«El descubrimiento de una criatura que presentaba rasgos tan parecidos a los humanos y que vivió hace un millón ochocientos mil años, constituyó, por sí solo, una revolución -escribió Madame Yvonne Rebeyrol en *Le Monde*, comentando el Congreso de la UNESCO-. Hasta entonces, la línea de los homínidos avanzaba desde el antiquísimo australopiteco hasta el *Homo sapiens* (es decir, el hombre de hoy), que se suponía aparecido hace solamente unos 25.000 años. La evolución estaba jalonada por el pitecántropo, más tardío y evolucionado que el australopiteco, y por el hombre de Neanderthal, más primitivo que él. Pero he aquí que aparece una nueva criatura, tan antigua como los australopitecos, pero que muestra chocantes analogías con el *Homo sapiens*. Según el doctor Leakey, es el *Homo habilis* nuestro único antepasado, mientras que los otros homínidos no son más que ramas defectuosas que no tuvieron descendencia. El australopiteco, el pitecantropo y el *Homo habilis* aparecieron al mismo tiempo, pero sólo el *Homo habilis* fue punto de partida de la fructífera evolución que condujo al *Homo habilis*. Por lo demás, hay que observar que, en diferentes lugares, pero principalmente en Gran Bretaña, Francia, Alemania y Hungría, se han encontrado cráneos fósiles cuyas características hacen pensar en el hombre actual, pero que proceden de yacimientos muy antiguos. Recientemente, en el yacimiento del río Omo (Etiopía), se han descubierto dos cráneos muy "modernos", pero también antiquísimos. Esta dispersión de tipos sumamente evolucionados presupone, evidentemente, una dispersión anterior del tronco, del *Homo habilis*. (...)

«Sin embargo, el doctor Leakey sigue opinando que el hombre "nació" en la zona que comprende el África oriental, Arabia y el oeste de la India. En la India, ha sido descubierto un mono fósil, el ramapiteco, más reciente pero bastante parecido al kenyapiteco, y se ha puesto también de manifiesto una industria primitiva. Mr. Leakey está convencido de que unas excavaciones sistemáticas en la India o en Arabia resultarían extraordinariamente fructíferas, puesto que el África oriental muestra incesantemente su riqueza en fósiles. Después de los yacimientos de Tanzania y de Kenya, Etiopía reveló el del río Omo. La latitud y las alturas escalonadas en estas regiones fueron extraordinariamente favorables a la aparición y a la evolución de los homínidos primitivos. Sus tierras volcánicas son ideales para la conservación de los fósiles. Cuanto más se busca, más se encuentra. En fecha muy reciente, Mrs. Leakey descubrió, en Olduvai, un cráneo de *Homo habilis* que parece completo o poco menos (*Le Monde*, 19 de agosto de 1969). El doctor Leakey mostró un diente encontrado en territorio kenyano, al 'sur del lago Rodolfo: este diente parece haber pertenecido a un homínido que vivía hace ocho millones de años. »

Sin embargo, Leakey opina que el Homo sapiens sólo pudo aparecer cuando tuvo posibilidad de encender fuego, es decir, «La seguridad y la tranquilidad mental necesarias para que se produjese el pensamiento abstracto ». Los útiles aparecieron muy pronto pero no determinan el paso del pre-hombre al hombre. El hombre propiamente dicho nació con el pensamiento abstracto, los conceptos de magia, la religión y el arte. Según Leakey se necesitó un periodo considerable de tiempo para pasar del *Homo habilis* al *Homo sapiens*, cuya antigüedad sería solamente de unos cien mil años.

Esta tesis no se apoya en nada definitivamente establecido. Solamente jalona incertidumbres, partiendo de vagas estimaciones, Lo único cierto es que, «cuanto más se busca, más se encuentra. » Un *Homo habilis* de varios millones de años. Un *Homo sapiens* de cien mil años; y algunas suposiciones constantemente puestas en tela de juicio, flotando en este océano del tiempo. Pero, si vivieron homínidos hace más de ocho millones de años, se derrumba la teoría clásica de la evolución. Y, si el hombre pensante existe desde hace cien mil años, tenemos lógicamente derecho a preguntarnos si es posible aceptar tranquilamente la idea de que sólo adquirió luces y poder en los dos últimos siglos, de que hubo un único momento privilegiado en esta larga aventura, un momento comprendido en la última quingentésima parte del tiempo humano, surgido, a su vez de una noche oscura de ocho millones de años.

Y si, como opina Leakey, el *Homo sapiens* aparece con la magia, es decir, con el intento de dominar el mundo visible por medio de fuerzas invisibles, podemos considerar nuestros dos siglos de tecnología como una de las formas asumidas por la prolongada búsqueda mágica, entre las muchas que se desarrollaron, con éxito o sin él, en el decurso de tiempos inmemoriales. Esta manera de ver la cuestión es, en todo caso, menos fantástica que la manera convencional que presupone dos siglos de revelación en cien mil años de letargo y, en resumidas cuentas, un extraordinario racismo temporal.

Es curioso que combinemos con tanta satisfacción la idea de que la última quingentésima parte del tiempo humano nos ha convertido en señores de toda la humanidad pensante, con la idea evolucionista que liga nuestra ascensión al oscuro proceso general de lo viviente, que hacía salir al reptil de su légamo, y a la química ciega que, añadiendo dos pequeños balones a su débil cerebro daba origen a los hemisferios cerebrales. Quizá sería útil para la mente, al menos a modo de ejercicio, considerar las actitudes inversas: situarnos menos excepcionalmente en la historia humana y más excepcionalmente en la historia de lo viviente; pensar que el hombre podría ser una forma estable, capaz de manifestarse en repetidas ocasiones, con éxitos o catástrofes. Este antirracismo temporal y el sentimiento de que la humanidad podría ser, en la Tierra y en el Universo, una forma de emergencia estable, un pun-to final de las energías, la plasmación del eterno empeño del Ser en manifestarse, podría influir en la civilización, en la sociedad y en la moral. Que el hombre más humilde sea un objeto de valor incalculable. Que la totalidad de los tiempos humanos sea considerada con la mayor predisposición al respeto, a la admiración y al asombro. Si rebuscamos en el almacén de las doctrinas no admitidas, encontramos una bastante adecuada: el humanismo.

Apéndice 3: Luz que todo lo ilumina. Los oxímora de la evolución:

(Con asterisco los procedentes de la obra Nuevo Léxico de Teilhard de Chardin (Cuénot, 1970).

ANALOGÍA DE DIFERENCIAS

AUTO EVOLUCIÓN*

ATOMISMO DEL ESPÍRITU*

AUTORIDAD CIENTÍFICA

AZAR CREADOR

BIODIVERSIDAD DAÑADA

CENTRIDAD FILÉTICA*

CENTRIDAD FRAGMENTARIA*

CIENCIA DE LA CREACIÓN

CONFIANZA EXISTENCIAL*

CONTRA-EVOLUCIÓN*

CREACIONISMO CIENTÍFICO

CREENCIA CIENTÍFICA

CRISTO EVOLUCIONADOR*

DARWINISMO CREATIVO (Matalová y Sekerák, 2004)

DARWINISMO VERDADERO

DARWINISTA VERDADERO

DATOS TEÓRICOS

DIALÉCTICA DE LA UNIÓN *

DIOS EVOLUCIONADOR *

DIGNIDAD CIENTÍFICA

DISEÑO SIN DISEÑADOR

DNA BASURA

ENTENDIMIENTO TEÍSTA DE LA EVOLUCIÓN

ENZIMA PROMISCUO

EVOLUCIÓN ASISTIDA

EVOLUCIÓN CREADORA (TÍTULO DEL LIBRO DE JULIAN HUXLEY)

EVOLUCIÓN DEL INDIVIDUO

EVOLUCIÓN DIVINA

EVOLUCIÓN TEÍSTA

EVOLUCIÓN EXPERIMENTAL

EXACTITUD EXCESIVA

EXPERIMENTO NATURAL

FÓSILES VIVIENTES

GEN EGOÍSTA

HECHO DE LA EVOLUCIÓN

HISTORIA DEL TIEMPO

HISTORIA DEL UNIVERSO

MAL EVOLUTIVO*

MÁQUINA PENSANTE

METAFÍSICA DE LA UNIÓN*

NADA POSITIVA*

NEUROTEOLOGÍA

PENA DE DIFERENCIACIÓN*

PENA DE EVOLUCIÓN*

PENA DE METAMORFOSIS*

PENA DE PERSONALIZACIÓN*

PENA DE PLURALIDAD*

POTENCIA ESPIRITUAL DE LA MATERIA*

RELIGIÓN SIN REVELACIÓN (TÍTULO DEL LIBRO DE JULIAN HUXLEY)

RESERVA DE LA NATURALEZA

RESERVA NATURAL

SABER EVOLUCIONISTA

SELECCIÓN INCONSCIENTE

SELECCIÓN NATURAL

SELECCIÓN NEGATIVA

SELECCIÓN SEXUAL

SEMÁNTICA IRRELEVANTE

TELARAÑA ARTIFICIAL

TEORÍA SINTÉTICA

TRANSGÉNICO NATURAL

UNIVERSOS POSIBLES

ÚTERO ARTIFICIAL

VERDADERO DARWINISMO

Vida extinguida

Agradecimientos

Al Dr Francisco Bravo por su colaboración a lo largo de los años y su valoración crítica para la elaboración de este trabajo.

Bibliografía

Barros, C. 1999. La humanización de la naturaleza en la Edad Media. Edad Media Revista de Historia. 2: 169-193

Bravo, F. y Cervantes, E. 2016. La persuasión en la construcción de la ciencia contemporánea en México. Los casos de Martín de Sessé Lacasa e Isaac Ochoterena Mendieta. OIACDI. Amazon.

Browning, GO; Alioto, JL and Farber, SM. 1974. Teilhard de Chardin. In quest of the perfection of man. An International Symposium. Associated University Presses. Cranbury. NJ.

Campo Alange, M. 1983. Mi atardecer entre dos mundos: Recuerdos y cavilaciones. Colección Documentos 125 Editorial Planeta.

Cervantes, E. 2011a. Locomotora a la luna: Finalidad social de la obra de Darwin revelada en el *Historical Sketch* de la sexta edición del *Origen de las Especies*. Digital CSIC

Cervantes, E. 2011b. Charles Darwin, o el origen de la máquina incapaz de distinguir. *Despalabro* (Revista de la Facultad de Filosofía y

Letras de la Universidad Autónoma de Madrid), vol V, 66-86. A. Publicado también en Digital CSIC:

(http://digital.csic.es/bitstream/10261/35958/1/Charles%20Darwin,%
20o%20el%20origen%20de%20la%20m%C3%A1quina%20incapaz%20
de%20distinguir.pdf)

CERVANTES, E. 2012a. Evolución: La Máquina Incapaz de Distinguir. Digital CSIC.

CERVANTES, E. 2012b. Confusión en la Evolución ¿Qué es la Selección Natural? Digital CSIC.

CERVANTES, E. 2012c. La selección natural explicada con la ayuda de Franz Kafka. Digital CSIC.

CERVANTES, E. 2013. Manual para detectar la impostura científica: Examen del libro de Darwin por Flourens. Digital CSIC, mayo de 2013, 225 pp. https://digital.csic.es/handle/10261/76630. (1260 descargas el 3 de julio de 2014).

CERVANTES, E. 2014. La biblioteca como laboratorio. Comentario del libro "El laboratorio de Foucault (Descifrar y ordenar)" de Mauricio Jalón. Digital CSIC: http://digital.csic.es/handle/10261/98622

CERVANTES, E. 2017. El Espejo de los Enigmas. Capítulo 6, pp 137-162 en Encuentros con lo Imposible: Homenaje a Isabel Izquierdo Moya. Amazon.

CERVANTES, E.; BRAVO MORENO F. 2016. CIENCIA Y POLÍTICA: LA GENÉTICA COMO HERRAMIENTA. Amazon

CERVANTES, E.; PÉREZ GALICIA G. 2015. ¿Está usted de broma Mr Darwin? La retórica en el corazón del darwinismo. OIACDI. Amazon.

CERVANTES, E.; PÉREZ GALICIA G. 2017. La nave de los locos: El darwinismo a la luz de la nueva retórica. OIACDI. Amazon.

CICERÓN, M.T. 1999. La Naturaleza de los Dioses. Alba Libros. Madrid.

CORNELL, J. F. 1987. God's magnificent law: The bad influence of theistic metaphysics on Darwin's estimation of natural selection. Journal of the History of Biology, 20(3), 381-412.

CUÉNOT, C. 1970. Nuevo léxico de Teilhard de Chardin. Taurus.

DARWIN, CH. 1958. The Autobiography of Charles Darwin, 1809–1882, ed. Nora Barlow (London: Collins,).

DESMOND, A. 1997. Huxley: From Devil's Disciple to Evolution High Priest. Penguin Books. 820 pp.

DILLEY, S. 2012. Charles Darwin's use of theology in the Origin of Species. The British Journal for the History of Science, 45(01), 29-56.

FLOURENS, P. 1864. Examen du libre de M Darwin sur l'Origine des Espèces. Garnier Frères, Paris. Ver la traducción al español y comentarios de Emilio Cervantes en Digital CSIC:

http://digital.csic.es/bitstream/10261/76630/1/Manual%20para%20det ectar%20la%20impostura%20cient%C3%ADfica.pdf

GARAGORRI, P. Nota preliminar al texto *En torno a Galileo* de José Ortega y Gasset. Se encuentra en

www.ugr.es/~mm3/doc_bk/ORTEGA_EnTornoAGalileo.doc

GRENE, M. 1959 The faith of Darwinism. Enconunter. 48-56.

GRENE, M. 1974. The knower and the known. University of California press.

HODGE, CH. 1870. What is darwinism?. Princeton University Press.

MARTÍNEZ, R. A. El vaticano y la Evolución. 2007. La recepción del darwinismo en el Archivo del Índice. Scripta Theologica 39 (2007/2) 529-549.

MATALOVÁ, A.; SEKERÁK, J. 2004. Genetics Behind the Iron Curtain: Its Repudiation and Reinstitualisation in Czechoslovakia. Moravian Museum, 2004 - 119 páginas.

MAURON, A. 2001. Is the Genome the Secular Equivalent of the Soul? Science 291 (5505): 831-832.

MONARES, A. 2016. La filosofía moral de Adam Smith: sentimientos morales naturales-providenciales e irracionalidad moral del ser humano. Revista de Filosofía, 57: 143-165.

OSPOVAT, D. 1980. God and natural selection: The Darwinian idea of design. Journal of the History of Biology, 13(2), 169-194.

D'ORS, E. 1949. Nuevo Glosario. Vol III 1934-1943. Aguilar Madrid.

ORWELL, G. 1984.

http://orwell.ru/library/novels/1984/english/en_p_1

PAZOS, B. J. 2015. Metaphysics in the work of Charles Darwin. In: Metaphysics or Modernity, Edited by Simon Baumgartner, Thimo Heisenberg and Sebastian Krebs. University of Bamber Press. pp 29 -44.

PERELMAN, CH; OLBRECHT-TYTECA, L. 1989. Tratado de la Argumentación. La Nueva Retórica, París.

POPPER, K. 1961. Conjecturas y Refutaciones: The Growth of Scientific Knowledge. Paidós Barcelona. 1981.

PRENANT, M. 1940. Darwin: un hombre y una época. Ediciones Quetzal, México.

ROMO, J. 2015. Recuerdo de Toni. Pp 13-18 en el libro: Antonio Beltrán Marí. In memoriam. Coord. José Romo. Collecció Home.

RUSE, M. 2000. How Evolution Became a Religion. National Post of Canada, 13 May.

RUSE, M. 2003. Is evolution a secular religion?. Science. 299 (5612): 1523-1524.

RUSE, M. 2017. Darwinism as Religion: What Literature Tells Us About Evolution, Oxford University Press, 310 pp.

SCHLIESSER, E. (2009). From Adam Smith to Darwin; some neglected evidence, Social Science Research Network. http://philsciarchive.pitt.edu/archive/00004779/.